デザインの仕事が
もっとはかどる

Adobe Firefly 活用テクニック50

アドビ ファイアフライ

Mac/Windows対応
サンプルデータ付き

Adobe Firefly Utilization techniques 50

コネクリ 著

インプレス

ご利用・ご購入前に必ずお読みください

本書は、2024年1月時点の情報をもとに解説しています。本書の発行後に各ソフトウェアの機能や操作方法、画面などが変更された場合、本書の掲載内容通りに操作できなくなる可能性があります。本書発行後の情報については、弊社のWebページ（https://book.impress.co.jp/）などで可能な限りお知らせいたしますが、すべての情報の即時掲載ならびに、確実な解決をお約束することはできかねます。また本書の運用により生じる、直接的、または間接的な損害について、著者ならびに弊社では一切の責任を負いかねます。あらかじめご理解、ご了承ください。

本書発行後に仕様が変更されたハードウェア、ソフトウェア、サービスの内容などに関するご質問にはお答えできない場合があります。該当書籍の奥付に記載されている初版発行日から1年が経過した場合、もしくは該当書籍で紹介している製品やサービスについて提供会社によるサポートが終了した場合は、ご質問にお答えしかねる場合があります。また、以下のご質問にはお答えできませんのでご了承ください。

- 書籍に掲載している手順以外のご質問
- ハードウェア、ソフトウェア、サービス自体の不具合に関するご質問

用語の使い方

本文中では、「Adobe Firefly webアプリ」のことを「Webアプリ」、「Adobe Photoshop 2024」のことを「Photoshop」、「Adobe Illustrator 2024」のことを「Illustrator」と記述しています。また、本文中で使用している用語は、基本的に実際の画面に表示される名称に則しています。

本書の前提

本文中では、macOSが搭載されているパソコンを前提に画面を再現しています。Windows 11搭載のパソコンをお使いの場合、一部画面や操作が異なることもありますが、基本的に同じ要領で進めることができます。

本書の内容

本書に掲載している画像には、「Adobe Firefly Image 2 Model」「Adobe Firefly Image 1 Model」を使用して生成されたものが含まれます。本書に記載されているサンプル通りのプロンプトを入力したとしても、異なる生成結果を出力することが多数あります。これはAdobe Fireflyの特性によるものですので、ご理解の上、本書をご活用ください。

Introduction

Adobe Fireflyの商用利用が可能となり、それに付随してPhotoshopやIllustratorを使った制作に大きな転機が訪れています。生成AIの活用は「作業の効率化」「クオリティの向上」「アイデアの創出」につながります。

本書では「Adobe Fireflyを使えば便利なのは分かっているけど、まだまだ活用しきれていない……」という方や生成AIの活用に不安がある方に向けて、Chapter1に概要と基本的な使い方をまとめています。基本を押さえることが応用につながるのでまずはおさらいしましょう。

続いてChapter2、3、4では実践的な活用法として作例を中心に解説しています。Chapter2では合成素材の生成と活用、Chapter3では生成AIを使った写真加工、Chapter4では効率化や表現力の向上につながるようなアイデアを掲載しています。

Chapter2～4は「生成AI」という言葉から一般的に連想される「プロンプトを用いてキャラクターなどを生成する方法」ではなく、過去に培ってきたデザイン制作の延長として「Adobe Fireflyをどのように活用したら時短や表現の向上につながるのか？」という生成AIとの共創を最大の目的としています。

すべて開始と最終データを用意しているので気になった作例から試してみてください。

Adobe Fireflyを主軸としている本書ですが、制作の流れの中で活用するためPhotoshopやIllustratorのスキルアップにもお役立ていただけます。

本書が皆さまの今後のクリエイティブな活動の一助となりますと幸いです。

2024年1月 コネクリ

Contents

Chapter 3 | 超お手軽に大変身！ 写真の見た目をガラッと変える

Chapter 4 | デザイン作業を効率化！AIを時短やアイデア創出に役立てる

Column

付　録

サンプルファイルについて

本書のChapter2以降で解説している作例のサンプルは、以下の商品情報ページからダウンロードできます。ダウンロードにはCLUB Impress の会員登録が必要です（無料)。会員ではない方は登録をお願いいたします。データはZIP形式で圧縮されているので展開してご利用ください。また､Hintで紹介している作例でサンプルを提供しているものは、ファイル名を記載しています。Hintにファイル名の記載がないものや､Arrange で紹介している作例のデータは提供しておりません。

また、本書で提供するサンプルファイルは、本書を使用したFireflyやPhotoshop､Illustratorの練習目的にのみご利用いただけます。次に掲げる行為は禁止します。

素材の再配布／公序良俗に反するコンテンツにおける使用／違法、虚偽、中傷を含むコンテンツにおける使用／その他著作権を侵害する行為／商用・非商用においての二次利用

▼本書の商品情報ページ
https://book.impress.co.jp/books/1123101103

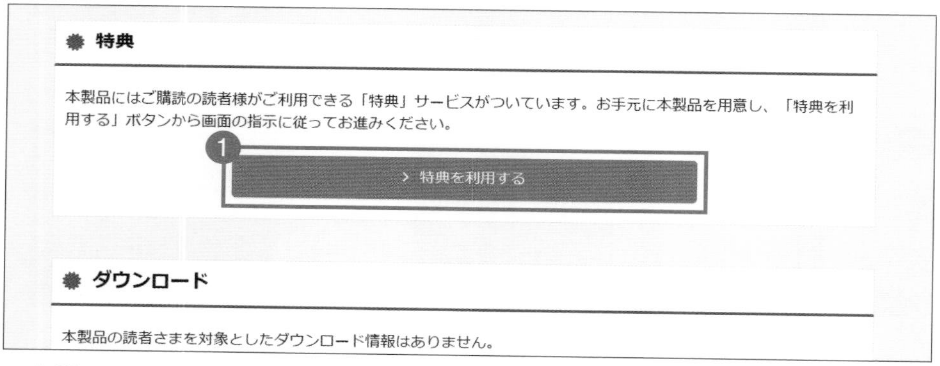

上記URLにアクセスして商品情報ページを表示し、［特典を利用する］ をクリックします❶。

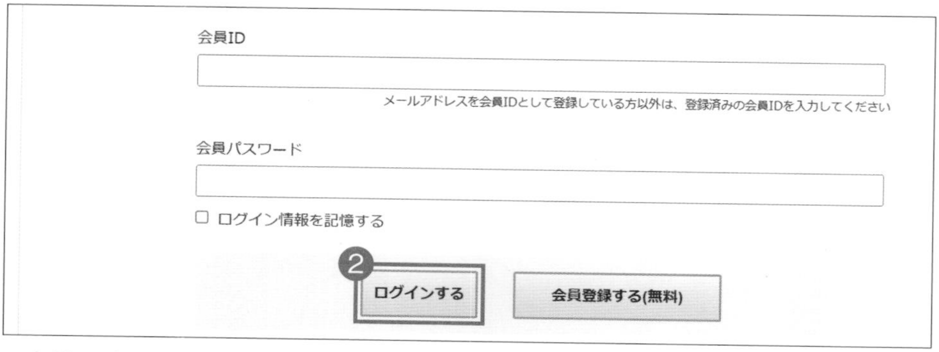

会員IDとパスワードを入力して、［ログインする］ をクリックします❷。CLUB Impressの会員ではない場合は、［会員登録する（無料)］ をクリックして登録を進めます。

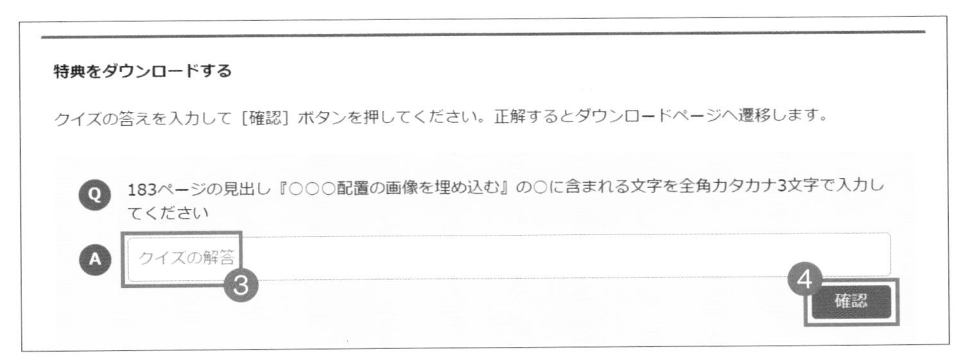

質問の回答を入力し❸、［確認］をクリックします❹。

ダウンロード画面が表示されるので、ダウンロードするファイルを選んで［ダウンロード］をクリックします❺。

サンプルファイルのフォルダ構成

サンプルファイルは各章のフォルダ内にテクニック番号ごとにフォルダ分けしてファイルを格納しています。

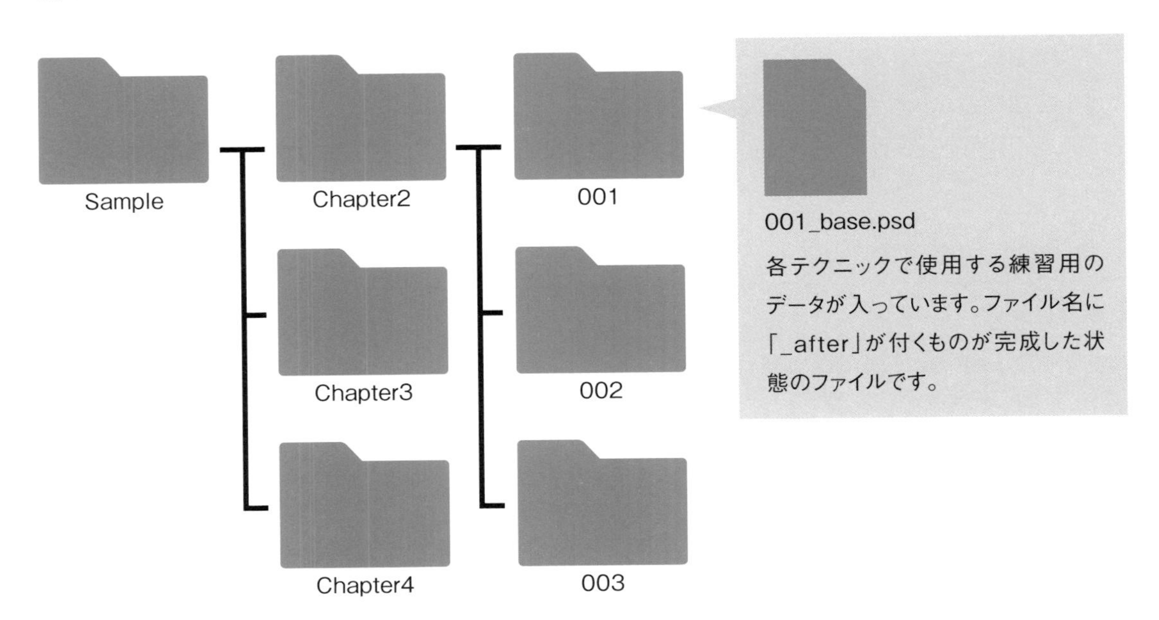

本書の読み方

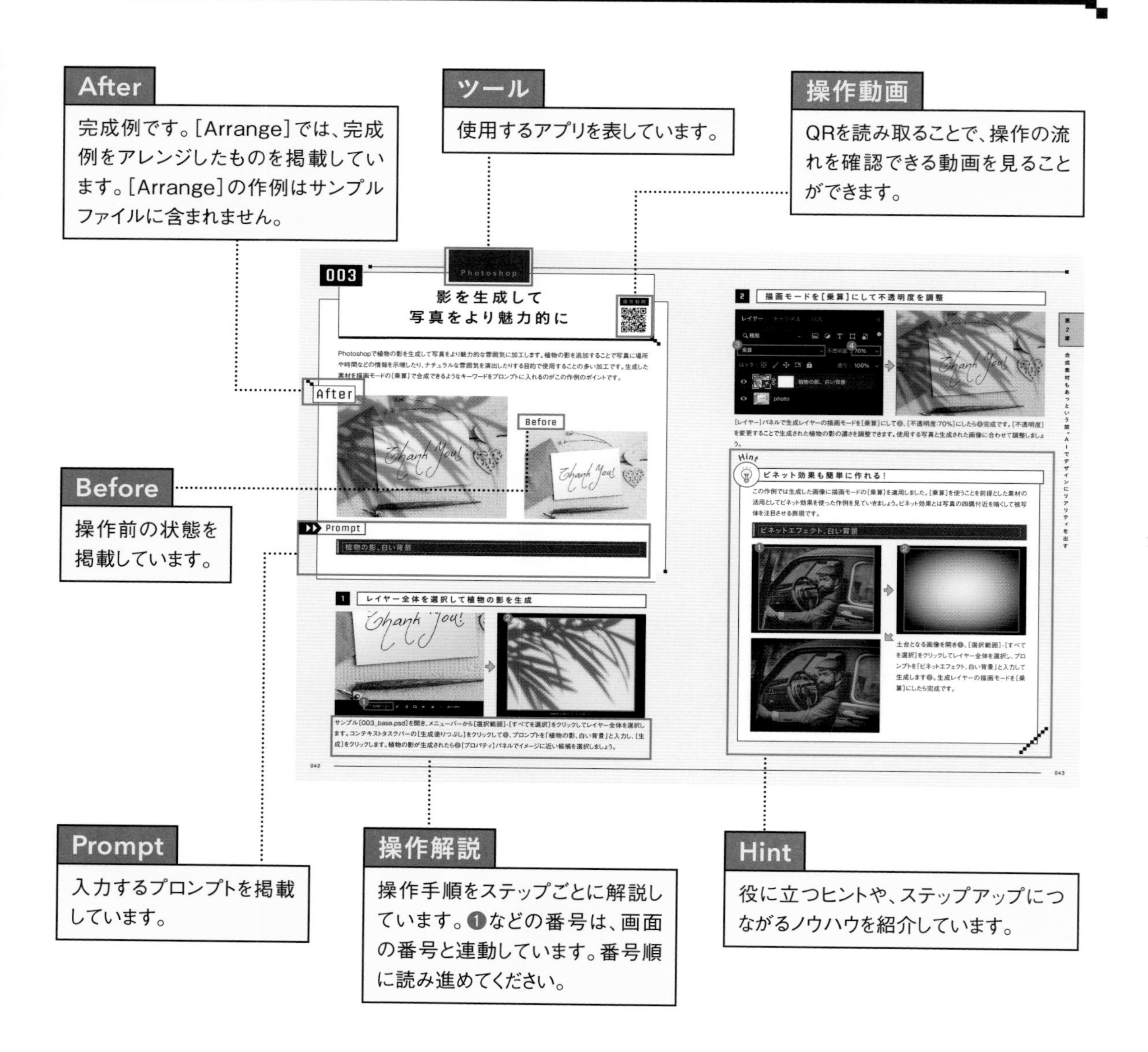

操作動画について

各テクニック冒頭のQRから操作の流れを確認できるYouTube動画で参照できます。動画内にテロップや音声はありません。パソコンなどQRが読めない場合は、以下の動画一覧ページからご覧ください。

▼ 動画一覧ページ
https://dekiru.net/firefly

Chapter

1

話題の生成AI「Adobe Firefly」の基本を知ろう

様々な生成AIが提供されていますが、
アドビの生成AI「Adobe Firefly」とはどのような
サービスで、どんなことができるのか。まずはその特徴や
基本的な使い方を知ることから始めましょう。

Adobe Fireflyの概要

ここ数年で「生成AI」が一般化し、業務で利用されることも増えてきました。Adobe Fireflyの特徴を押さえつつ、その利用方法を知りましょう。

「Adobe Firefly」とは

Adobe Firefly（以降、Firefly）はアドビが開発した生成AIです。Fireflyはブラウザで使用できるWebアプリのみならず、PhotoshopやIllustratorをはじめとしたCreative Cloudの各種アプリに組み込まれています。Fireflyを用いた機能は、「生成AI」という言葉からまず連想される「テキスト入力から静止画像を生成する」ことだけにとどまらず、ベクターデータを生成する「テキストからベクター生成」や、テキストからカラーバリエーションを生成する「生成再配色」といった様々なクリエイティブな活動に役立つ形で提供されています。

[生成再配色]を使えば、入力したプロンプトをもとにカラーバリエーションを生成できる

[テキストからベクター生成]で生成したベクターデータを組み合わせてロゴ制作に役立てることもできる

「Adobe Firefly」の主な特徴

Fireflyの大きな特徴として以下の３つが挙げられます。

1. 著作権、倫理に配慮された商用利用に安全な生成AI
2. ツールとしてアプリに実装されていて活用しやすい
3. プロンプトに日本語が使える

それでは1つずつ見ていきましょう。

1 著作権、倫理に配慮された商用利用に安全な生成AI

生成AIのサービスは多数出てきていますが、**Fireflyの大きな特徴は安心して商用利用できるように設計されている点**です。著作権者から許諾を得ずに著作物をAIのトレーニングデータとして使用されているケースなど、生成AIの問題に関しては様々なトピックがあり、現在でもそれらの問題が解決したとはいえません。Fireflyでは以下のような施策を取ることで、学習元の透明性や安全性の保持に努めています。

1 学習元の透明性とコンテンツ認証

Fireflyのトレーニングには、Adobe Stockなどの使用許諾を受けたコンテンツのデータセットおよび著作権の切れた一般コンテンツが使用されています。また、生成AIの透明性を促進するために、Fireflyで生成されたすべてのコンテンツに30ページのHintで解説している「コンテンツ認証情報」が含まれます。

2 学習元に報酬を還元

Adobe Stockの投稿者向けに、Fireflyのトレーニングに使用された場合の報酬プランが用意されており、対価が還元される仕組みになっています。

3 生成データの倫理面での安全性

Fireflyは説明責任、社会的責任、透明性というアドビのAI倫理原則に沿って生成AIの開発と導入がなされ、トレーニング・テスト・人による監視を行うことで生成データに倫理的な偏りがないよう、対策がとられています。

2 ツールとしてアプリに実装されていて活用しやすい

Photoshop や Illustrator、Adobe Express など、普段クリエイターが使用しているアプリに実装されているため、活用しやすいのが大きなメリットです。アプリをより便利にする機能として展開されていることで、以前は時間を掛けて調整していた日常的な作業を短時間で自然に行えるようになっています。

アプリを切り替える手間がなく、デザインの作業中にそのままFireflyを使えるため効率的

3 プロンプトに日本語が使える

Firefly は日本語を含む 100 を超える言語の入力に対応していて、ユーザーインターフェースも 20ヵ国語以上でローカライズされており、日本語の画面で操作ができます。注意しなければならないのは、**プロンプトを日本語で入力した場合、英語に機械翻訳されたのちに生成される**点です。このため、言語によるニュアンスの違いで、意図とは異なる結果が生成される場合があります。もしイメージと異なる生成物が出てくる場合は英語で入力してみるのも手段の一つです。

Hint

生成AIは日々どんどん進化していく！

Fireflyは日々進化しており、アドビのWebサイトを見ると新しい機能が予告されています。これらの機能の実装はクリエイターの裾野を広げることにつながるとともに、既存の作業の効率化や新しい表現の模索に期待できます。

機能名	機能
3D から画像生成	3D のオブジェクトから、プロンプトを使用して画像を生成する
スケッチから画像作成	シンプルな描画をフルカラー画像に変換する
パーソナライズされた結果	独自のオブジェクトまたはスタイルにもとづいて画像を生成する

Fireflyの機能を使うたびに生成クレジットが消費される

生成クレジットとは、Fireflyの機能を使うためのチケットのようなものです。保有しているクレジット数は契約しているプランごとに異なり、生成クレジットのカウントは毎月リセットされます。**残ったクレジットは次の月には繰り越されません**。主なプランのクレジット数は以下の表のとおりです。FireflyのWebアプリをはじめ、PhotoshopやIllustratorに実装されているFireflyの機能を使うと、保有しているクレジットが消費されます。また、Creative CloudおよびAdobe Stockの有料ユーザーは、クレジットを使い切っても使い続けることはできますが、生成の速度が遅くなることがあります。生成クレジットの消費数などは、今後の更新によって変わる可能性があるので、最新の情報を確認しましょう。

▼生成クレジットに関するWebページのURL

https://helpx.adobe.com/jp/firefly/using/generative-credits-faq.html

■月間の生成クレジット数（2024年1月時点）

プラン	付与される月間の生成クレジット数
Creative Cloud コンプリートプラン（個人向け）	1,000
Creative Cloud 単体プラン※1	500
Creative Cloud フォトプラン 20GB	100

※1：Illustrator、InDesign、Photoshop、Premiere Pro、After Effects、Audition、Animate、Adobe Dreamweaver、Adobe Stock、フォトプラン1TB

■1回の生成あたりの消費数（2024年1月時点）

製品	機能	生成クレジット消費数
Adobe Photoshop	生成塗りつぶし	1
	生成拡張	1
Adobe Illustrator	テキストからベクター生成（ベータ版）	1
	生成再配色	1
Adobe Firefly web アプリ	テキストから画像生成	1
	生成塗りつぶし	1
	生成再配色	1
	テキスト効果	0（※期間限定）

Photoshopで使える Fireflyの機能

Photoshopに備わっているFireflyの機能とその基本的な使い方を解説します。Chapter2以降で「生成拡張」「生成塗りつぶし」などを使った実用的なテクニックを解説していますが、ここでまずは基礎を押さえましょう。

生成AIを使うことでデザイン作業が効率化

Photoshopに備わっている生成AIの機能には「生成拡張」と「生成塗りつぶし」があります。この機能を使うことで、主に「画像を拡張」「オブジェクトの除去」「画像生成」「要素の置換・追加」の4つの用途に役立てられます。また、Photoshop内で完結するので、別のアプリやブラウザを立ち上げることなく、デザイン制作の流れを阻害せずに活用できるのが大きな強みです。パーツとして必要な素材などを出力することで時短となり、以前は調整に時間が掛かったことも、生成AIならではのアプローチでより自然に行えることが増えたので、Fireflyが実装されたことは大きな転機といえます。

不要なオブジェクトに選択範囲を作成して、プロンプトを入力せずコンテキストタスクバーで[生成]をクリックするだけで除去できる。

[生成拡張]を選択してカンバスを広げるだけで、風景やトリミングされた人物などを自然に拡張できる。

カンバスサイズに合わせて画像を生成する

カンバスサイズで画像を生成するにはレイヤー全体を選択します。選択範囲を作成するとコンテキストタスクバーに［生成塗りつぶし］のボタンが表示されます。このボタンをクリックするとプロンプトの入力欄が表示されるので、出力したい画像のイメージをテキストで入力し［生成］をクリックしましょう。プロンプトにもとづいた画像が3つ候補として表示されます。なお、［コンテキストタスクバー］が表示されない場合は、メニューバーから［ウィンドウ］-［コンテキストタスクバー］をクリックします。

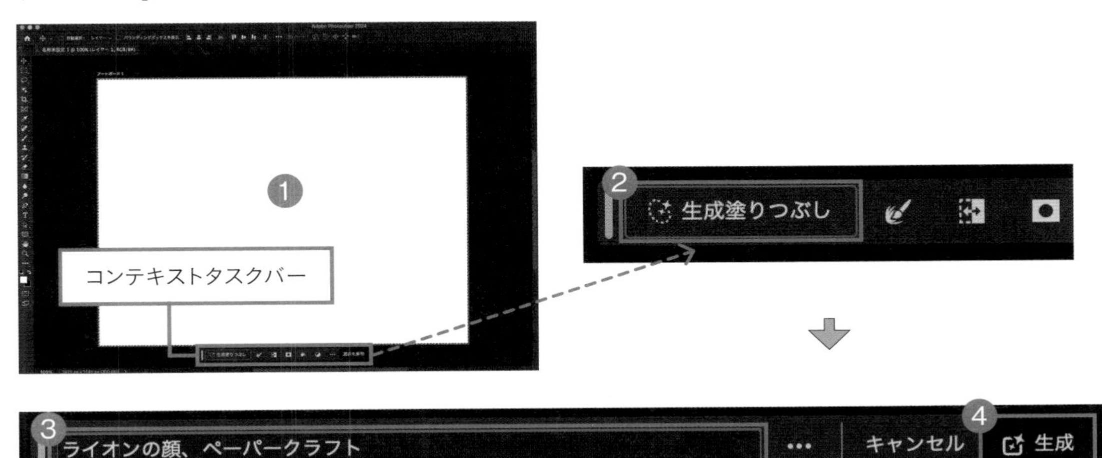

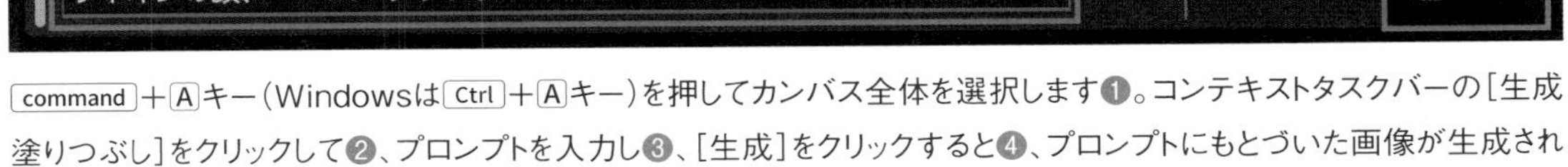

command＋Aキー（WindowsはCtrl＋Aキー）を押してカンバス全体を選択します❶。コンテキストタスクバーの［生成塗りつぶし］をクリックして❷、プロンプトを入力し❸、［生成］をクリックすると❹、プロンプトにもとづいた画像が生成されます❺。ここではプロンプトは「ライオンの顔、ペーパークラフト」と入力しました。

［プロパティ］パネルのバリエーションに3つの画像が候補として表示され❻、サムネイルをクリックすることでカンバスに出力される結果を切り替えられます。また、生成した画像は［レイヤー］パネルにもレイヤーとして追加されます❼。

任意の箇所にオブジェクトを追加する

［長方形選択ツール］や［なげなわツール］などで選択範囲を作り、コンテキストタスクバーの［生成塗りつぶし］をクリックしてプロンプトを入力すると、画像内のオブジェクトを置き換えたり、新たなオブジェクトを追加したりできます。プロンプトを何も入力せずに生成した場合は、選択範囲で囲ったオブジェクトを除去することも可能です。コンテキストタスクバーには選択範囲を反転するボタンや、被写体を選択するボタンなどが用意されており、これらを使うことで効率的に選択範囲を作成できるようになっています。

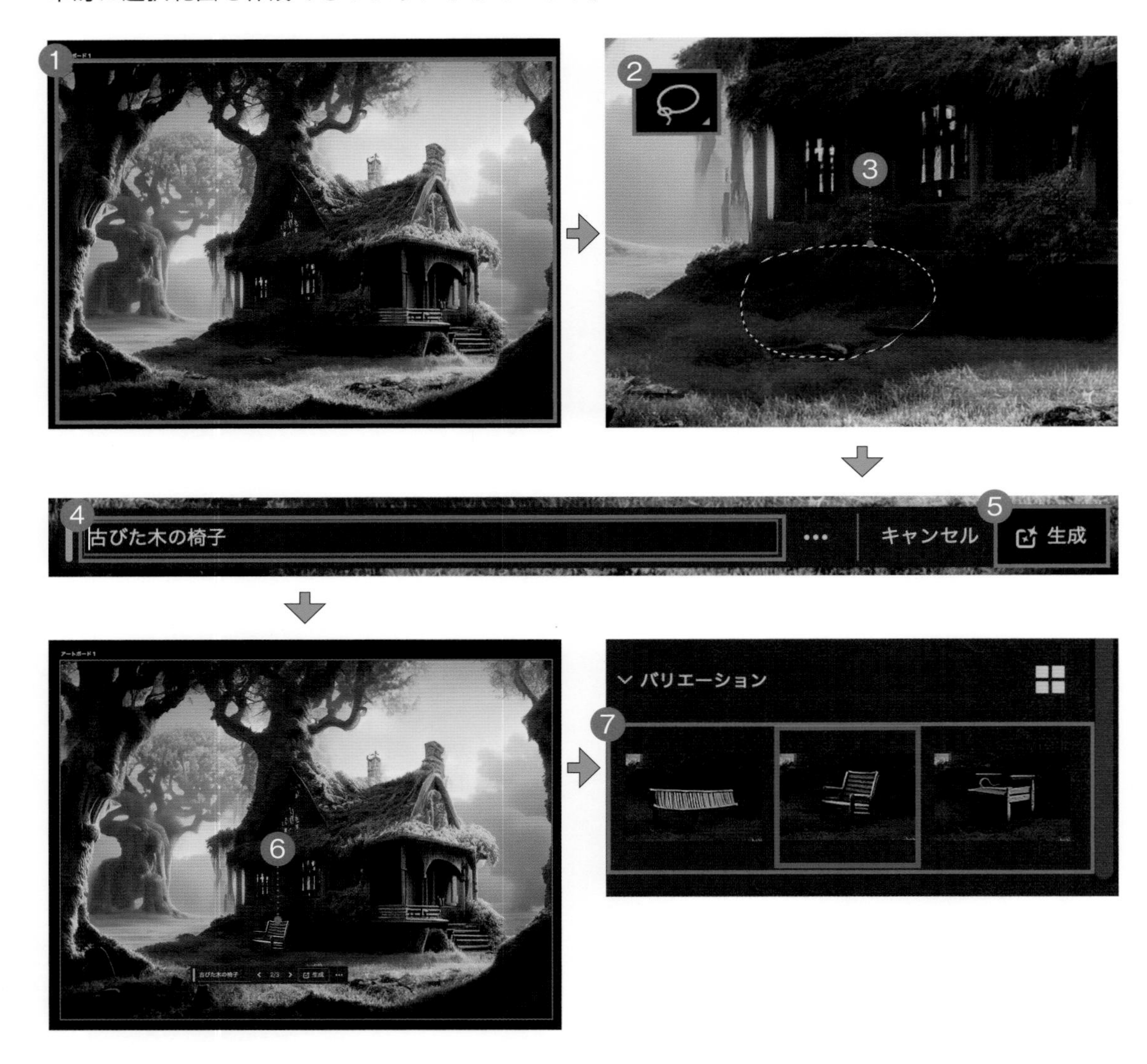

ここではプロンプトに「古代の木々が生い茂ったコテージ、ファンタジー」と入力して生成された画像をもとに操作を行います❶。［なげなわツール］を選択して❷、オブジェクトを追加したい箇所にドラッグして、選択範囲を作成します❸。コンテキストタスクバーの［生成塗りつぶし］をクリックして、追加したいオブジェクトのイメージをテキストで入力し❹、［生成］をクリックすると❺、プロンプトにもとづいて画像が生成されます❻。［プロパティ］パネルのバリエーションに3つの画像が候補として表示されるので❼、サムネイルをクリックすることでカンバスに出力される結果を切り替えられます。

Illustratorで使える Fireflyの機能

Illustratorでは「生成再配色」「テキストからベクター生成」が提供されています。Illustratorに備わったFireflyの機能でできることと、ベクター生成の基本的な使い方を押さえましょう。

ベクター素材があっという間に作れる！

ベクター生成はベクターデータとして素材などを生成できます。他の生成AIで画像として出力した場合は、ベクターデータにするために、画像トレースなどの一手間が必要でした。「テキストからベクター生成」はそのまま活用でき、またイラストを描くのが苦手でも生成することが可能なので、グラフィックなどのデザイン制作にとても便利です。

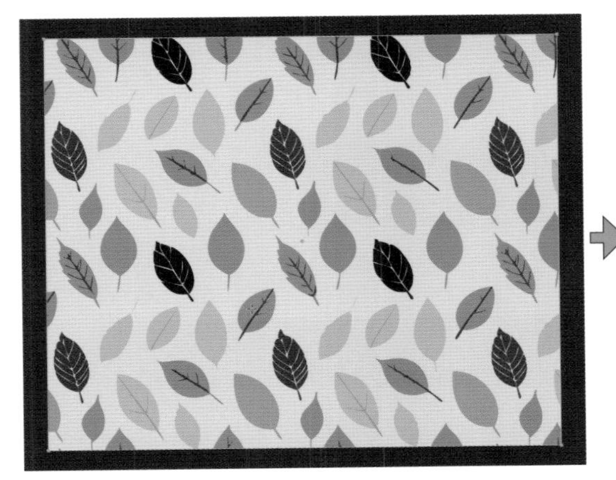

パターンも生成できるため、背景素材としても役立てられる

Webアプリで生成した画像

プロンプトをどちらも「バラの花、シンプルな背景」としてスタイルを抽出して生成したベクターデータ

[スタイルピッカー]を用いることで、スタイルを抽出した画像と似たテイストのベクターデータを生成できる

テキストからベクターデータを生成するには

［長方形ツール］や［楕円形ツール］などで図形を描画して、コンテキストタスクバーで［生成］をクリックするか、［テキストからベクター生成］パネルを表示して、プロンプトを入力するとベクターデータが生成されます。コンテキストタスクバーやパネルが表示されない場合は、メニューバーの［ウィンドウ］をクリックして、［コンテキストタスクバー］または［テキストからベクター生成］を選択することで表示されます。

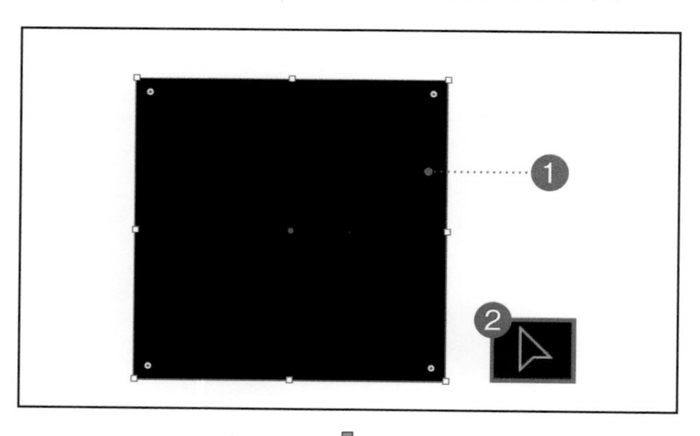

図形を作成して[選択ツール]に切り替える

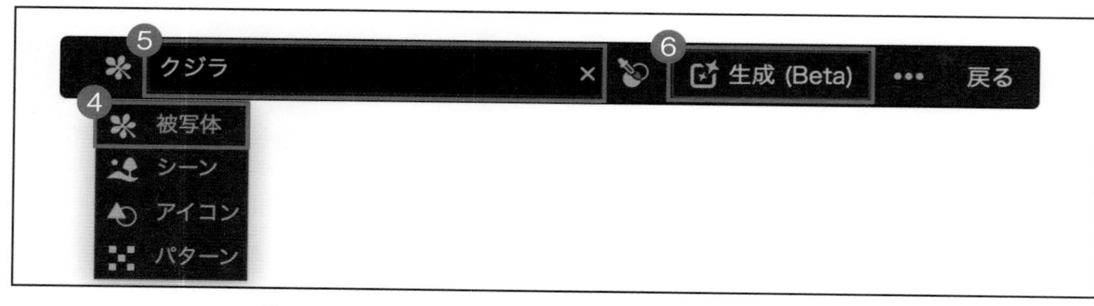

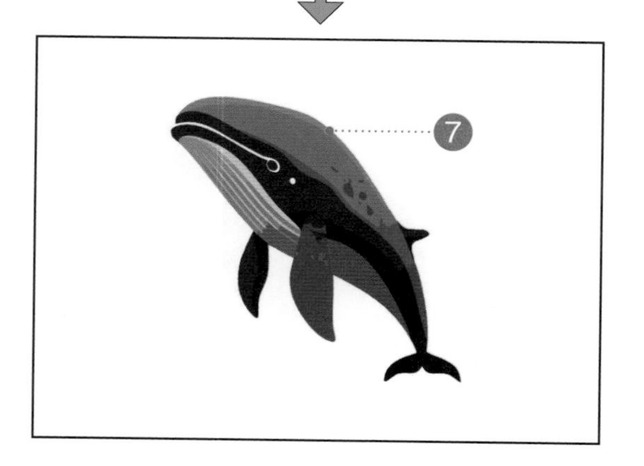

ベクターデータを生成したいエリアに図形を作成します。ここでは[長方形ツール]で正方形を作成しました❶。[選択ツール]に切り替えると❷、コンテキストタスクバーが表示されるので、[生成]をクリックします❸。
ここでは種類で[被写体]を選択し❹、プロンプトの入力欄に「クジラ」と入力しました❺。そのまま[生成]をクリックすると❻、プロンプトにもとづいたベクターデータが生成されます❼。

ベクター生成で選択できる［種類］を上手に使い分けよう

生成するベクターデータは、［被写体］［シーン］［アイコン］［パターン］の中から種類を選べます。ワンポイントのイラストが欲しい場合は「被写体」「アイコン」、背景込みのイラストを作成したい場合は「シーン」、シームレスなパターンを作成したい場合は「パターン」を選択しましょう。

被写体

シーン

アイコン

パターン

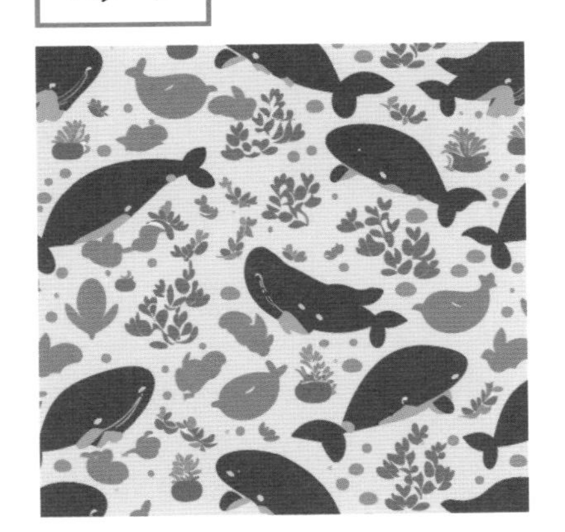

ベクターの種類

種類	説明
被写体	背景のない（またはシンプルな背景の）ベクターデータを生成する
シーン	背景込みでベクターシーン全体を生成する
アイコン	背景のない（またはシンプルな背景の）ベクターデータを生成する。「被写体」よりもシンプルな見た目のオブジェクトを生成する
パターン	プロンプトで指定したオブジェクトおよび関連したオブジェクトで構成されたパターンを生成する

出力結果のスタイルも調整できる

出力結果をコントロールする機能も用意されています。[アクティブなアートボードのスタイルに一致] をオンにすると色などをアートワークに合わせて生成してくれます。[ベクターグラフィックの詳細] で出力の詳細レベルを調整できます。また、[スタイルピッカー] を選択すると、既存のベクターまたは画像からスタイルを抽出して、参照した画像に合わせたスタイルで生成できます。

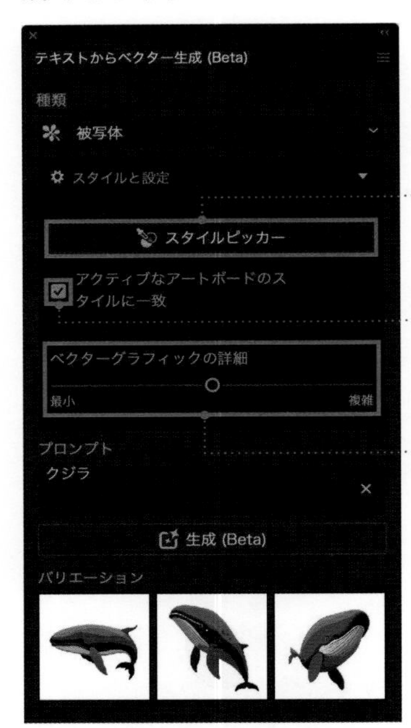

スタイルピッカー

アクティブなアートボードのスタイルに一致

ベクターグラフィックの詳細

Hint

生成再配色を使うには

配色を変更したいベクターデータを[選択ツール]で選択すると、コンテキストタスクバーに[再配色]ボタンが表示されます。このボタンをクリックすると[再配色]のダイアログが表示されるので[生成再配色]を選択し、[プロンプト]の入力欄に、配色のイメージをテキストで入力して[生成]をクリックしましょう。[生成再配色]の具体的な使い方は138ページで解説しています。

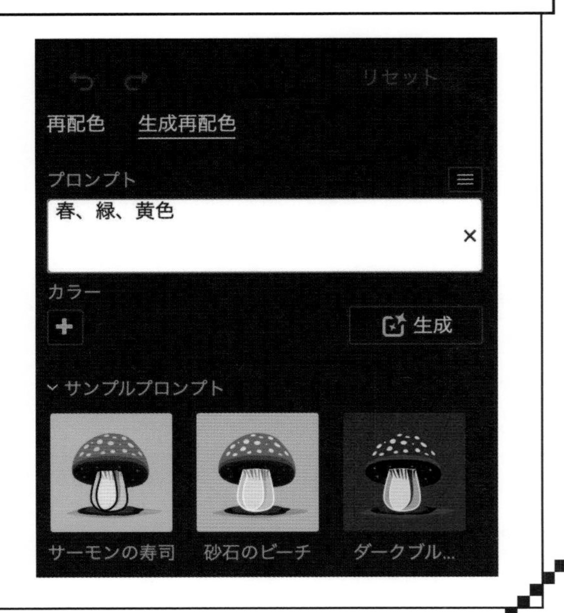

Firefly Webアプリを使うには

FireflyのWebアプリでは現時点のPhotoshopやIllustratorなどに組み込まれていない機能もあります。「3Dから画像生成」など近日公開と予告されているものもあるので、今後の展開が非常に楽しみです。

Firefly Webアプリの主な機能

① テキストから画像生成

画像の内容を指示する「プロンプト」と呼ばれる呪文をもとに画像を生成します。生成された画像は31ページで解説している方法で編集できます。

② 生成塗りつぶし

ブラシを使用してオブジェクトを削除したり、入力したプロントによって新しいオブジェクトを描画したりします。

③ テキスト効果

テキストとプロンプトで指定したスタイルやテクスチャを組み合わせ、文字に効果を適用します。こちらはWebアプリの独自の機能です。

④ 生成再配色

プロンプトを用いてベクターデータのカラーバリエーションを生成します。

Firefly WebアプリにAdobeアカウントでログインする

Fireflyの Webアプリを使うには、Adobeアカウントでログインする必要があります。以下の手順でログインしましょう。

▼Adobe Firefly WebアプリのURL

https://firefly.adobe.com/

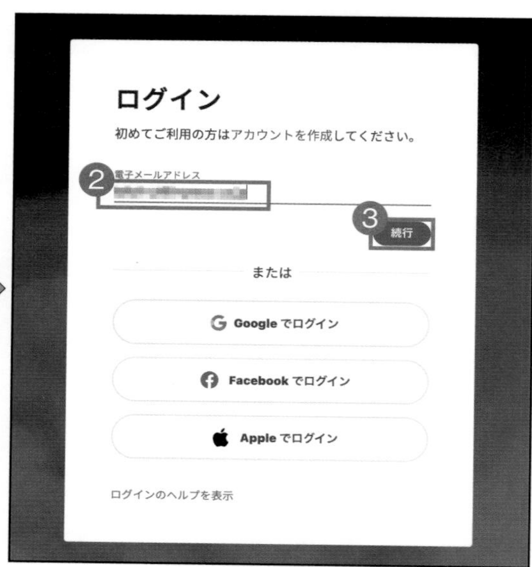

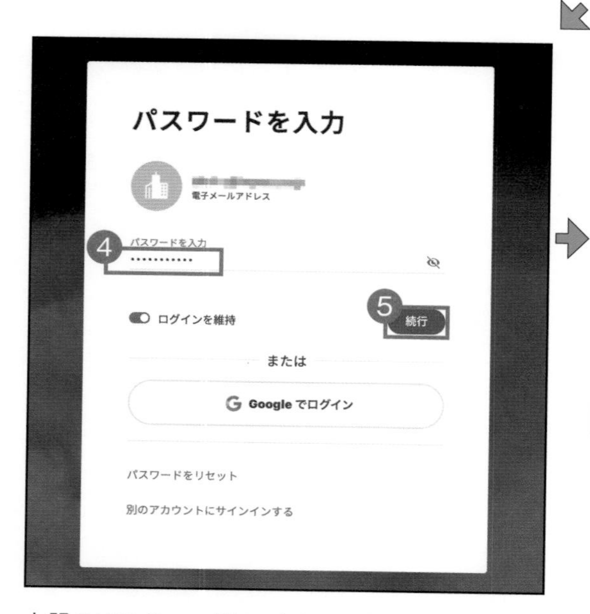

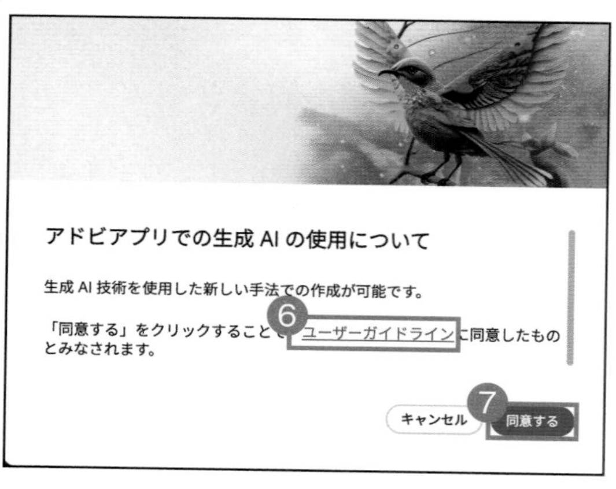

上記のURLのページにアクセスし、画面右上の[ログイン]ボタンをクリックします❶。ログイン画面が表示されたらAdobeアカウントのメールアドレスを入力し❷、[続行]をクリックしてください❸。次の画面でパスワードを入力して❹、[続行]をクリックします❺。生成AIの使用についてガイドラインに同意するか確認する画面が表示されたら、[ユーザーガイドライン]をクリックして内容を確認し❻、[同意する]をクリックすると❼、ログインが完了します。

Webアプリで画像を生成する

「テキストから画像生成」を使うと、入力したプロンプトにもとづき画像が生成されます。基本的な使い方を覚えましょう。

プロンプト次第で様々な画像が生成できる

「テキストから画像生成」では、以下のようにプロンプト次第で様々な画像を生成できます。他のユーザーが生成した画像を見ることができるので、プロンプトをどのように指定したら良いのかわからない場合は、まずは気になった作品を見るのがおすすめです。また、Webアプリの「テキストから画像生成」では、最新のモデル「Adobe Firefly Image 2」が使えます。Image 2では生成物のクオリティが大幅にアップしており、特に人物の精度が向上しています。さらに、画像サイズも大きくなっており、媒体にもよりますが実務でも扱いやすいサイズになりました。より大きいサイズが必要な場合はPhotoshopの生成拡張（98ページ）やスーパーズーム（132ページ）の活用を検討してみましょう。

ヘッドホンをかけたレモンのキャラクター、サングラス、晴れ、海辺の砂浜、3D

明るいオレンジ色の赤ちゃんオウム、大きな目、蝶、豊かな緑、3D

窓の近くのテーブルの上に開いている本、花

カラフルなマカロンの盛り合わせ、スタジオ照明、マクロ写真

テキストから画像を生成する

出力したい画像のイメージをテキストで入力して、画像を生成してみましょう。入力したプロンプトをもとに4つの画像が生成されます。画像の比率を変更するには、画像が生成された後に表示される画面の右側にある［縦横比］で変えられます。初期状態では正方形になっているため、画像生成後に比率を変更して、［更新］ボタンをクリックします。ただし、生成し直すことになるため、結果が異なる画像が出力されます。生成後に画面右側に表示される［コントロールパネル］については、31ページで詳しく解説しています。

▼Adobe Firefly WebアプリのURL

https://firefly.adobe.com/

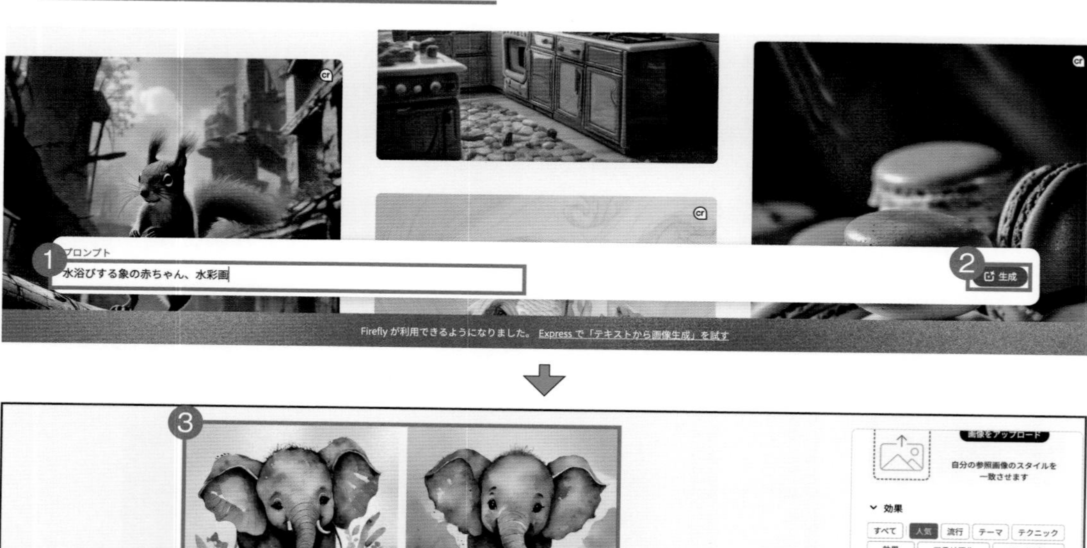

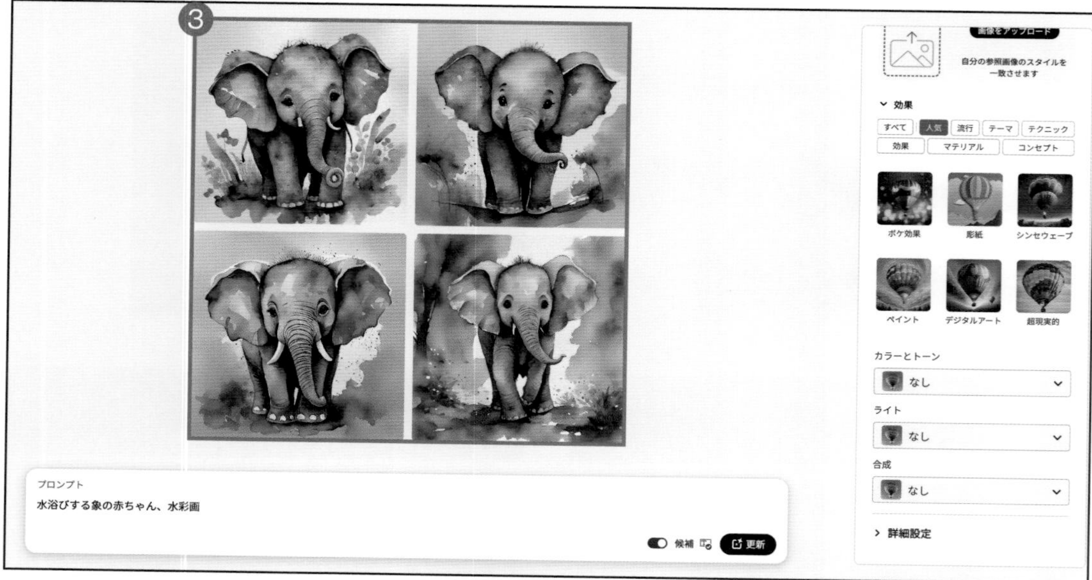

Webアプリの［ホーム］画面にある［テキストから画像生成］をクリックし、画面下部に表示される［プロンプト］の入力欄に生成したい画像のイメージをテキストで入力して❶、［生成］をクリックします❷。ここではプロンプトは「水浴びする象の赤ちゃん、水彩画」と入力しました。プロンプトをもとに4つの画像が生成されるので❸、イメージに近いものをクリックすると、選択した画像が拡大して表示されます。

　また、生成結果を拡大すると表示される［編集］ボタンには［生成塗りつぶし］［スタイル参照として使用］などのメニューがあり、生成した画像を編集したり、参照画像にしたりすることが可能です。また、画像生成後に入力欄にあるボタンの表示が［更新］に変わります。このボタンをクリックすると、画像が再生成され、前回と違う結果が表示されます。

［似た画像を生成］をクリックすると、選択した生成結果をもとに新たに4つの画像が生成される

Hint

続けて別のプロンプトで画像を生成するには

別の画像を生成するには、［プロンプト］の入力欄に新たにテキストを入力して［生成］をクリックすると、出力されます。もとの生成結果はブラウザの戻るボタンをクリックすると表示できますが、意図せず表示できなくなる可能性があるため、28ページを参考に保存しておくと安心です。

［プロンプト］入力欄に入力されているもとのテキストを削除して、新たに生成したい画像のイメージをテキストで入力して生成する

フクロウ、スチームパンク

生成した画像を保存するには

生成した画像の保存・共有方法を解説します。現在、生成した画像の履歴は一覧で表示されないため、生成した画像は忘れずに保存しましょう。

実行履歴は表示されないのでしっかり保存しよう

生成した画像は、いくつかの方法で残しておくことが可能です。ブラウザバックで生成した結果に戻れますが、ブラウザの履歴を削除すると、生成結果を再表示できなくなります。保存・共有の種類は次のページにまとめました。生成結果は一期一会なので気になった画像は、まずはお気に入りに入れて残しておきましょう。

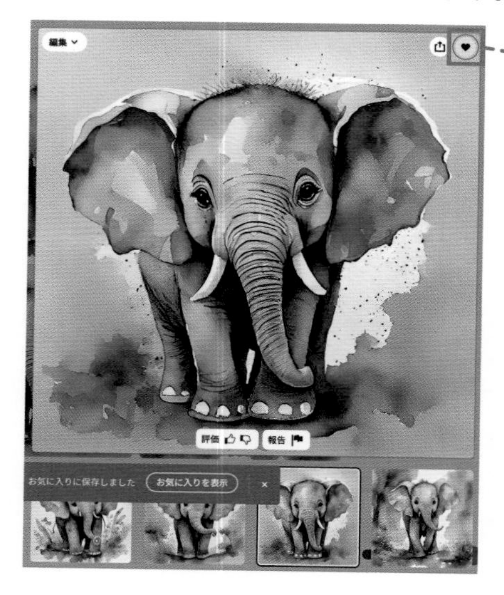

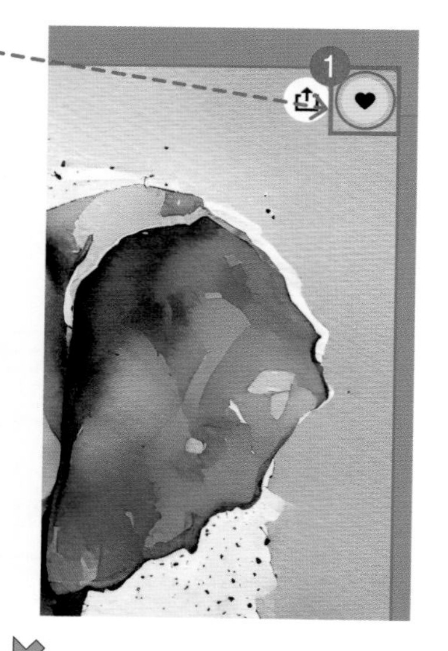

[お気に入り]をクリックすると❶、Webアプリのトップページにある[お気に入り]に追加されます❷。[お気に入り]に登録した生成結果はあとからダウンロードすることも可能です。

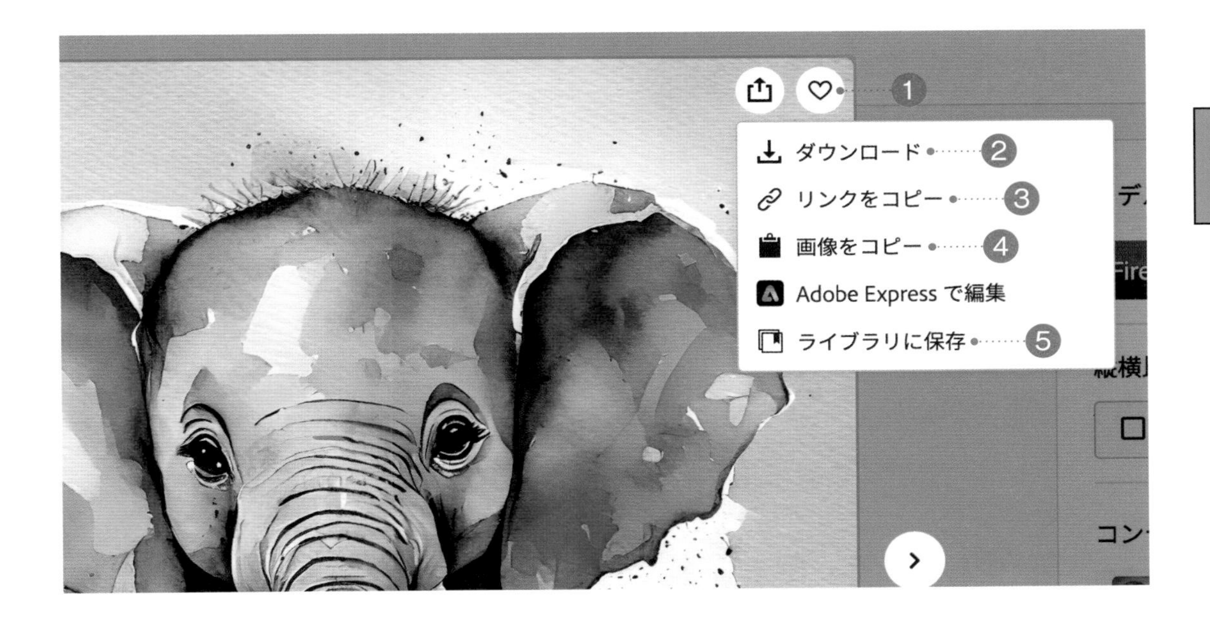

主な保存・共有方法

番号	機能	説明
❶	お気に入り	最も簡単なのが「お気に入り」。Web アプリのトップページにある［お気に入り］に表示され、画像とプロンプトをブラウザ上に残しておける。また、同時に生成された他の 3 つの画像も見ることが可能。ただし、使用しているデバイスのブラウザに保存されるため、他のデバイスや別のブラウザではアクセスできない。また、ブラウザのデータを消去すると表示されなくなる
❷	ダウンロード	画像をパソコンのローカルに保存できる。Photoshop で加工したい場合など、手元に残しておきたい場合に使う。手順は次のページを参照
❸	リンクをコピー	生成結果のリンクが作成され、その URL を伝えることで、他のユーザーにも生成結果を共有できる
❹	画像をコピー	画像がクリップボードにコピーされ、資料作成などでそのまま画像を貼り付けられる。Photoshop のドキュメントにもダウンロードを介さず貼り付け可能
❺	ライブラリに保存	CC ライブラリに保存することが可能

生成した画像をダウンロードする

生成結果をダウンロードするには次の手順を行います。コンテンツ認証情報に関する画面を以降表示しない場合は操作❷の画面で［次回から表示しない］にチェックを入れて［続行］をクリックしましょう。入力したプロンプトがダウンロードした画像のファイル名に付与されます。

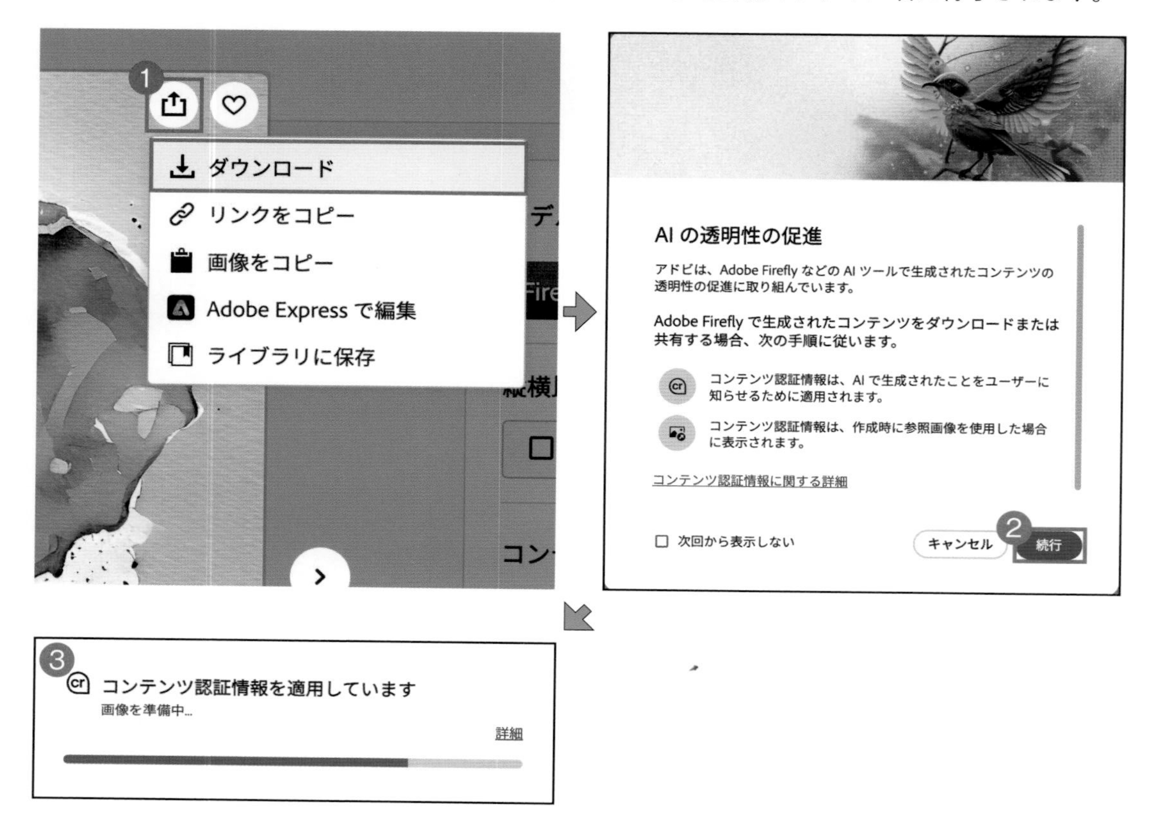

画像右上の［その他のオプション］-［ダウンロード］をクリックします❶。コンテンツ認証情報に関する確認画面が表示されたら、内容を確認して［続行］をクリックします❷。コンテンツ認証情報が適用中の画面が表示され❸、適用が完了すると画像がダウンロードされます。

Hint

「コンテンツ認証情報」とは？

「コンテンツ認証情報」とは、制作物の作成元や制作過程の透明性を高めるために付与される情報のことです。Fireflyの場合、ダウンロードした画像にFireflyの機能で生成されたことを示す情報が付与されます。生成AIの使用の透明性をサポートするための取り組みであり、上記の手順で自動的に適用されるコンテンツ認証情報には、利用者個人を特定できるような情報は含まれません。

よりイメージに近い画像を生成するには

画像生成後のコントロールパネルには、よりイメージに近い画像を生成するための機能が備わっています。Photoshopに組み込まれておらず、Webアプリのみで利用できる機能もあります。この画面の主な機能を知りましょう。

生成後に表示される編集画面の構成

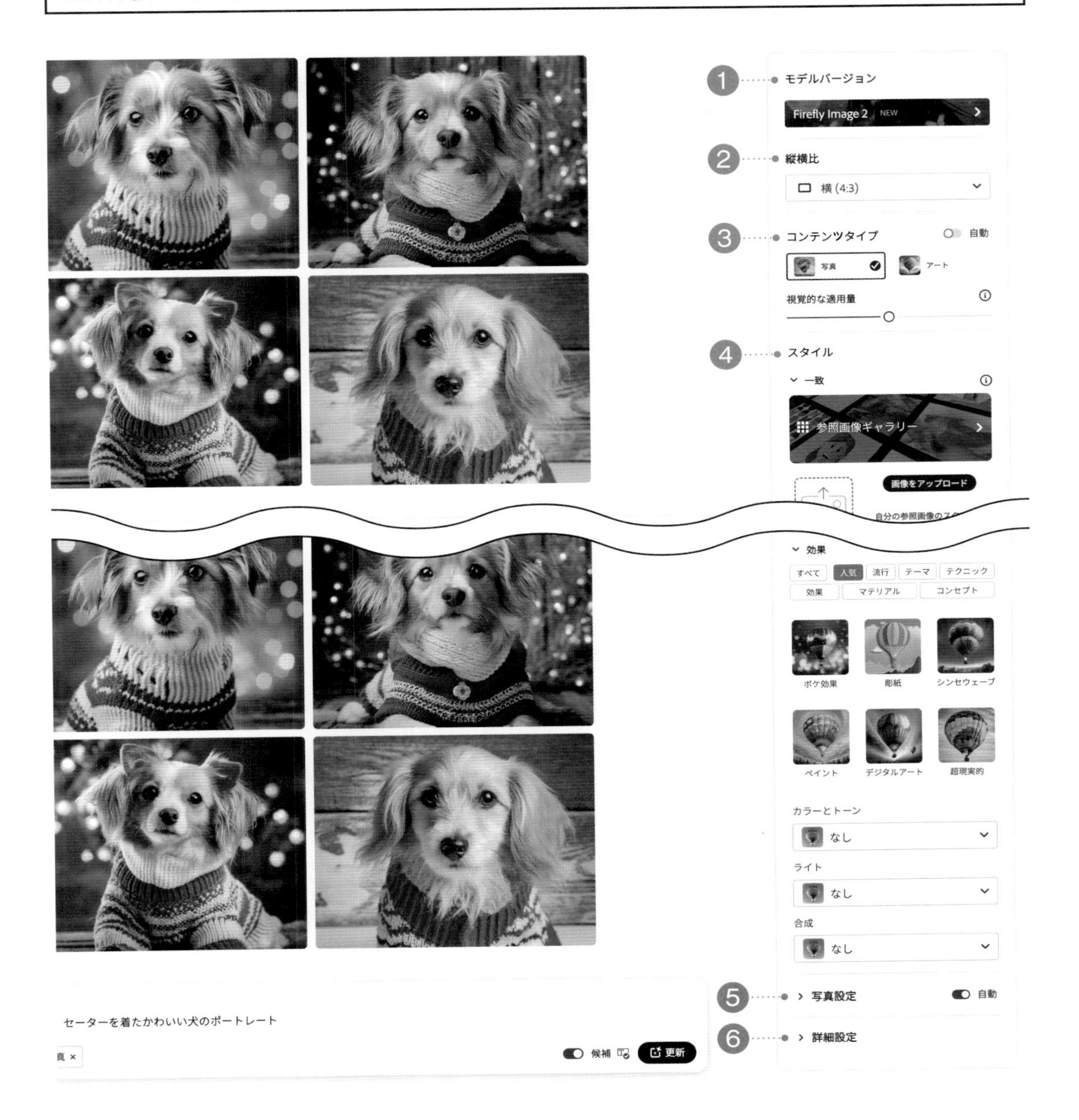

① モデルバージョン

［Firefly Image 1］または［Firefly Image 2］を選択します。写真は特に［Firefly Image 2］を使用したほうが精度の高い画像が生成されます。逆に抽象的でアーティスティックなイメージを生成する場合は［Firefly Image 1］を選択してみましょう。

Firefly Image 1

Firefly Image 2

Firefly Image 2のほうが、より精細に表現される。

② 縦横比

正方形（1:1）など生成される画像の縦横比を変更することが可能です。注意すべきは、例えば正方形で生成した画像の**縦横比を変更しようとした場合、同じ画像でリサイズされず新しい画像が生成される**という点です。生成された画像の縦横比をそのまま変更することはできないので、縦横比を変更したい場合は一旦ダウンロードした上で、Photoshopの生成拡張を使いましょう。

③ コンテンツタイプ

［写真］か［アート］を選択できます。

［写真］の場合

［アート］の場合

セーターを着たかわいい犬のポートレート

また、「Firefly Image 2」を選択した場合のみ、［視覚的な適用量］を使用できます。これは「写真の既存の視覚的特徴の全体的な強度を調整するもの」とされています。生成結果ごとにこのスライダの調整によって適用される効果に差異がありますが、右にスライドすると光と影でコントラストが強調され、印象的な生成結果になる傾向にあります。

スライダを一番左にした場合

スライダを一番右にした場合

[コンテンツタイプ]を[写真]にし、「セーターを着たかわいい犬のポートレート」というプロンプトで画像を生成して、[視覚的な適用量]を調整した場合の生成結果

4 スタイル

参照画像や効果を設定して、スタイルをコントロールできます。例えば［効果］から［水彩画］を設定すると、水彩風に加工されて生成されます。［効果］は、複数指定することも可能です。その他［カラーとトーン］や［ライト］などで画像の色味や光の種類なども調整できます。また参照画像などを指定すると表示される［強度］のスライダを使うと、スタイルの一致および効果の強さをコントロールできます。

[強度]でスタイルをどのくらい一致させるか、その強さを調整できる

5 写真設定

コンテンツタイプを「写真」にすると表示されます。実際のカメラのように、絞り、シャッタースピード、ワイドやズームといった視野の領域などを設定できます。

6 詳細設定

生成から除外したいフレーズを最大10個入れることが可能です。

参照画像で生成結果をコントロールする

参照画像を使うことで、イメージに近いテーマとタッチで画像を生成できます。使い方によってはとても便利ですので、覚えておきましょう。

画像を参照させてスタイルを一致させる

参照画像はプロンプトの指定が苦手な方に特におすすめしたい機能です。頭の中でイメージする画像を生成するには構図やタッチなどのプロンプトを重ねることが必要ですが、参照画像を指定することでその画像のテイストを保持した生成が可能です。

参照画像

参照ギャラリーの［鉛筆］にある画像を参照させた場合

参照画像

参照ギャラリーの［フラット］にある画像を参照させた場合

Hint

［強度］を組み合わせてコントロールしよう

参照画像の［強度］を最大にすると、参照した画像に近い見た目で出力される傾向にあります。この例では背景と服がほぼ一致して出力されました。このように［参照画像］と［強度］をうまく組み合わせることで、イメージに近い生成結果を出力することが可能です。

［強度］のスライダを一番右にした場合の生成結果

参照画像ギャラリーから適用する

［参照画像ギャラリー］をクリックすると、あらかじめ用意された画像を選択することができます。複数のカテゴリーに分けられており、一覧から参照させたいものを選択して［生成］をクリックするだけで、画像と同じスタイルで出力されます。

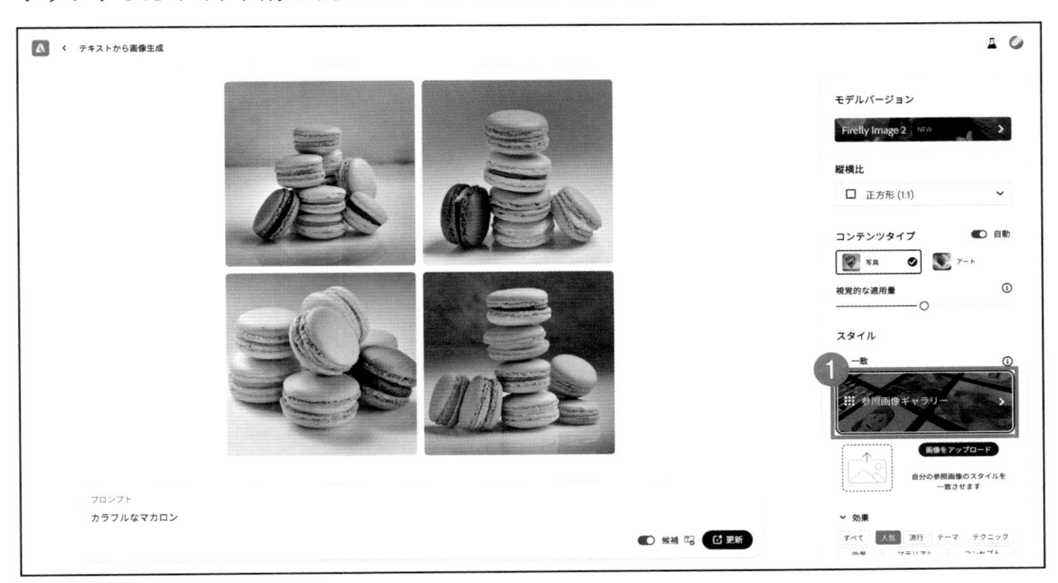

［テキストから画像生成］のページを表示し、［参照画像ギャラリー］をクリックします❶。

ここではバラの画像をデッサン風に変更します。［鉛筆］のカテゴリーにある❷をクリックすると、［スタイル参照］にサムネイルが追加されます❸。「バラの花」とプロンプトを入力して❹、［生成］をクリックすると❺、選択した画像のスタイルを反映した画像が生成されます。

Column

参照画像とスタイルピッカーを使いこなそう！

頭でイメージした画像を生成するには「プロンプト」と呼ばれる呪文による詳細な指示が必要不可欠です。プロンプトは生成AIに興味を持つ世界中の人が日夜研究しており、理想の出力を得るために「プロンプトエンジニア」と呼ばれる職種が生まれるほど専門性の高い分野となりつつあります。

そこでプロンプトに対するハードルを大きく下げるのが34ページで触れたFireflyのWebアプリで提供されている「参照画像」です。参照画像によりイメージに近い別の画像を読み込むことで生成される画像のスタイルをある程度コントロールすることが可能です。35ページでは「参照画像ギャラリー」からオブジェクトを生成しましたが、手持ちの画像をアップロードして参照画像とすることもできるので、例えば自分のイラストのタッチに寄せることなどが可能です。

また、Illustratorでは「スタイルピッカー」を使うと既存のベクターまたは画像からスタイルを選択できます。

デザインのトンマナをそろえるため、生成のテイストをコントロールすることは避けて通れないので、参照画像とスタイルピッカーを積極的に活用していきましょう。

本書でも参照画像とスタイルピッカーを使った作例を以下の通り用意しています。

■ FireflyのWebアプリ

Webアプリで生成したペン画イラストをベクターに変換。162ページで紹介

参照画像を使ってロゴを生成しベクターに変換。166ページで紹介

■ Illustrator

参照画像を使ってベクター生成のテイストをコントロール。156ページで紹介

スタイルピッカーを使ったベクター生成で作る水彩イラスト。158ページで紹介

Chapter 2

合成素材もあっという間。AIでデザインにリアリティを出す

この章では光やテクスチャなどの合成用の素材を生成して組み合わせることで目的に沿った加工を行います。合成素材の生成は素材名や構図などの知識が不可欠なので、作例を通して引き出しを増やしていきましょう。

001

Photoshop

ライトリーク風の素材を生成し写真をヴィンテージ風に

操作動画

Photoshopでライトリーク風の素材を生成して写真をヴィンテージ風に加工します。ライトリークとはカメラのレンズに入り込んだ光のボケのことです。生成した素材を描画モードの[スクリーン]で合成できるようなキーワードをプロンプトに入れるのがこの作例のポイントです。

Before

Prompt

光のグラデーション、赤、オレンジ、黄色、ピンク、黒い背景

1 レイヤー全体を選択してライトリーク画像を生成

サンプル[001_base.psd]を開き、メニューバーから[選択範囲]-[すべてを選択]をクリックしてレイヤー全体を選択します。コンテキストタスクバーの[生成塗りつぶし]をクリックして❶、プロンプトを「光のグラデーション、赤、オレンジ、黄色、ピンク、黒い背景」と入力し、[生成]をクリックします。ライトリーク画像が生成されたら❷[プロパティ]パネルでイメージに近い候補を選択しましょう。

2 描画モードを[スクリーン]にして不透明度を調整

[レイヤー]パネルで生成レイヤーの描画モードを[スクリーン]にして❸、[不透明度:70%]にしたら❹完成です。[不透明度]を変更することで生成されたライトリーク画像の適用量を調整できます。使用する写真と生成された画像に合わせて調整しましょう。

Hint

プロンプトに「黒い背景」「白い背景」と入れて扱いやすくしよう

この作例では生成した画像に描画モードの[スクリーン]を適用しました。描画モードの「スクリーン」で指定することを前提に「黒い背景」や、「乗算」を使うことを前提に「白い背景」と追加すると扱いやすい素材となります。上に重ねることを前提とした黒い背景の素材としては、光・雪・霧などが挙げられます。

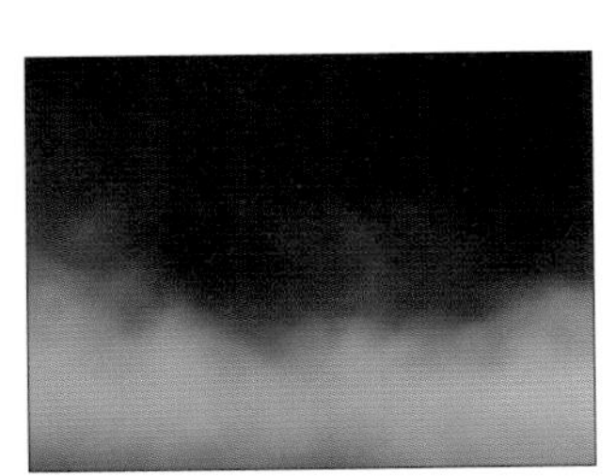
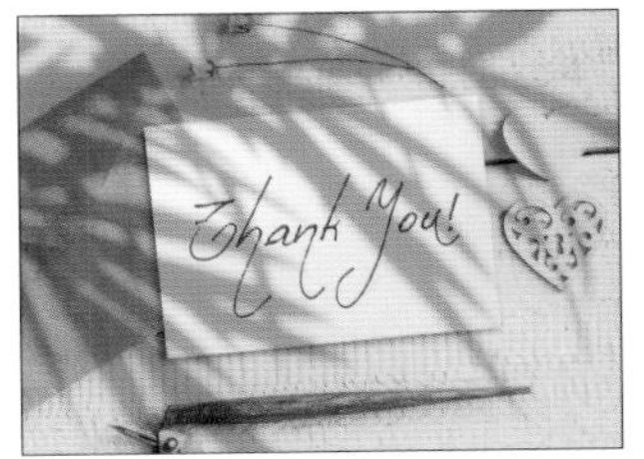

植物の影を生成して合成。42ページで紹介

雪を生成して合成。50ページで紹介

霧を生成して合成。58ページで紹介

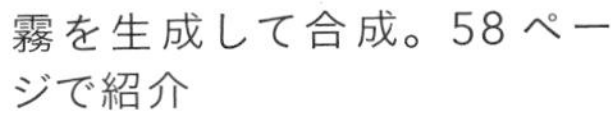

002 Photoshop

光の素材をのせて ボケ感のある柔らかい写真に

操作動画

Photoshopで玉ボケ風の素材を生成して写真をロマンチックな雰囲気に加工します。玉ボケとは点光源という光をぼかした状態のことで、重ねることで写真を華やかにしてくれます。今回はさらに生成した玉ボケをぼかすことで幻想的な雰囲気にします。

Before

Prompt

カラフルな玉ボケ、黒い背景

1 レイヤー全体を選択して玉ボケ画像を生成

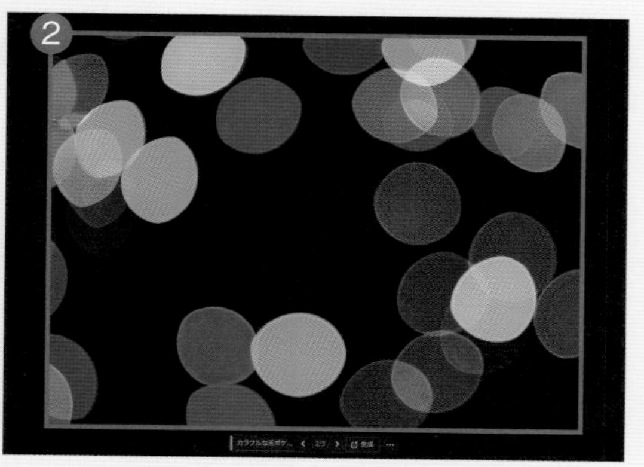

サンプル[002_base.psd]を開き、メニューバーから[選択範囲]-[すべてを選択]をクリックしてレイヤー全体を選択します。コンテキストタスクバーの[生成塗りつぶし]をクリックして❶、プロンプトを「カラフルな玉ボケ、黒い背景」と入力し、[生成]をクリックします。玉ボケ画像が生成されたら❷[プロパティ]パネルでイメージに近い候補を選択しましょう。

2 描画モードを[スクリーン]にして[ぼかし(ガウス)]フィルターを適用

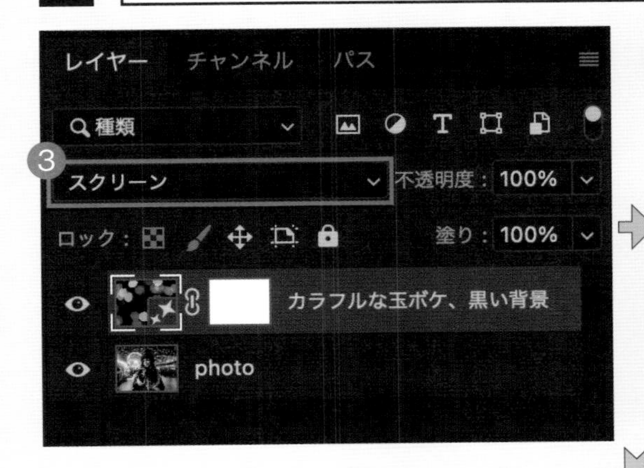

ぼかし (ガウス)
OK
初期設定
プレビュー
100%
4
半径：60.0 pixel

[レイヤー]パネルで生成レイヤーの描画モードを[スクリーン]にします❸。これで生成した玉ボケ画像の黒い部分は透過され、玉ボケ画像が合成されます。
メニューバーから[フィルター]-[ぼかし]-[ぼかし(ガウス)]をクリックし、[半径:60.0 pixel]にして❹フィルターを適用します。玉ボケ画像全体にぼかしが適用されるので、これで完成です。

Hint

顔に光が被る場合は[ソフト円ブラシ]でマスクしよう

生成された画像によっては顔に光が被る場合があります。気になる場合はマスクで顔に被っている光を消しましょう。

生成した玉ボケ画像のレイヤーマスクサムネイルを選択して描画色を黒に、[ブラシツール]を選択してカンバス上で右クリックし、[ソフト円ブラシ]を選択して顔付近の光をマスクします。

003 Photoshop

影を生成して写真をより魅力的に

操作動画

Photoshopで植物の影を生成して写真をより魅力的な雰囲気に加工します。植物の影を追加することで写真に場所や時間などの情報を示唆したり、ナチュラルな雰囲気を演出したりする目的で使用することの多い加工です。生成した素材を描画モードの[乗算]で合成できるようなキーワードをプロンプトに入れるのがこの作例のポイントです。

After

Before

Prompt

植物の影、白い背景

1 レイヤー全体を選択して植物の影を生成

サンプル[003_base.psd]を開き、メニューバーから[選択範囲]-[すべてを選択]をクリックしてレイヤー全体を選択します。コンテキストタスクバーの[生成塗りつぶし]をクリックして❶、プロンプトを「植物の影、白い背景」と入力し、[生成]をクリックします。植物の影が生成されたら❷[プロパティ]パネルでイメージに近い候補を選択しましょう。

2 描画モードを[乗算]にして不透明度を調整

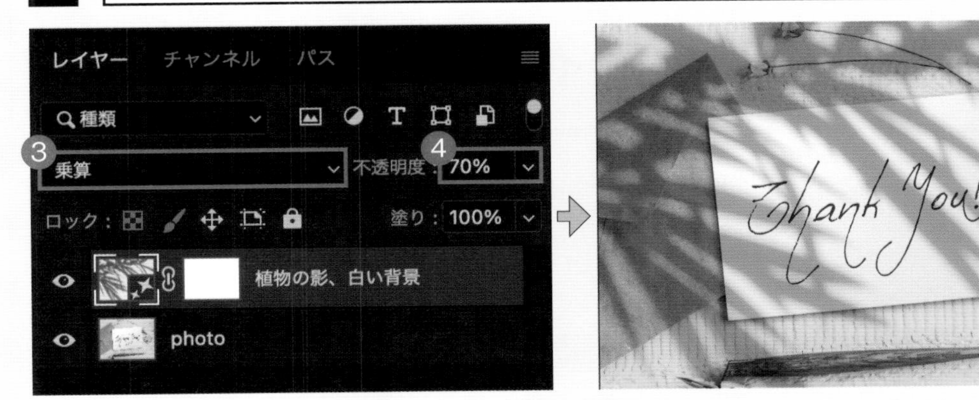

[レイヤー]パネルで生成レイヤーの描画モードを[乗算]にして❸、[不透明度:70%]にしたら❹完成です。[不透明度]を変更することで生成された植物の影の濃さを調整できます。使用する写真と生成された画像に合わせて調整しましょう。

Hint

▼サンプル：003_hint.psd

ビネット効果も簡単に作れる！

この作例では生成した画像に描画モードの[乗算]を適用しました。[乗算]を使うことを前提とした素材の活用としてビネット効果を使った作例を見ていきましょう。ビネット効果とは写真の四隅付近を暗くして被写体を注目させる表現です。

ビネットエフェクト、白い背景

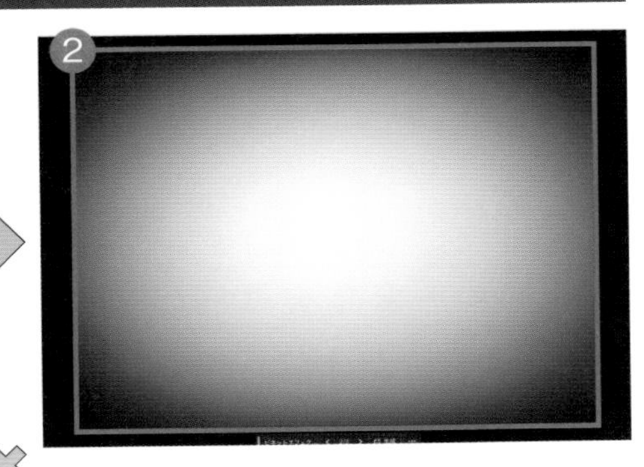

[003_hint.psd]を開き❶、[選択範囲]-[すべてを選択]をクリックしてレイヤー全体を選択し、プロンプトを「ビネットエフェクト、白い背景」と入力して生成します❷。生成レイヤーの描画モードを[乗算]にしたら完成です。

004 Photoshop

ガラスの映り込みを作成してリアリティを出す

操作動画

Photoshopで写真の場所となる画像を生成してガラスの映り込みを作成します。デザインを提案する場合、利用シーンをよりイメージしやすくするためにモックアップを添えることがありますが、アートワークをただのせるだけでは違和感があります。違和感を軽減するための方法の1つが今回の作例で行うガラスの映り込みです。

After

Before

Prompt

観葉植物の多い部屋、ぼやけた背景

1 レイヤー全体を選択して植物の画像を生成

サンプル[004_base.psd]を開きます。このファイルはアートワークを写真とは別レイヤーにしています。メニューバーから[選択範囲]-[すべてを選択]をクリックしてレイヤー全体を選択します。コンテキストタスクバーの[生成塗りつぶし]をクリックして❶、プロンプトを「観葉植物の多い部屋、ぼやけた背景」と入力し、[生成]をクリックします。植物の画像が生成されたら❷[プロパティ]パネルでイメージに近い候補を選択しましょう。

2 グループ化して描画モードと不透明度を変更

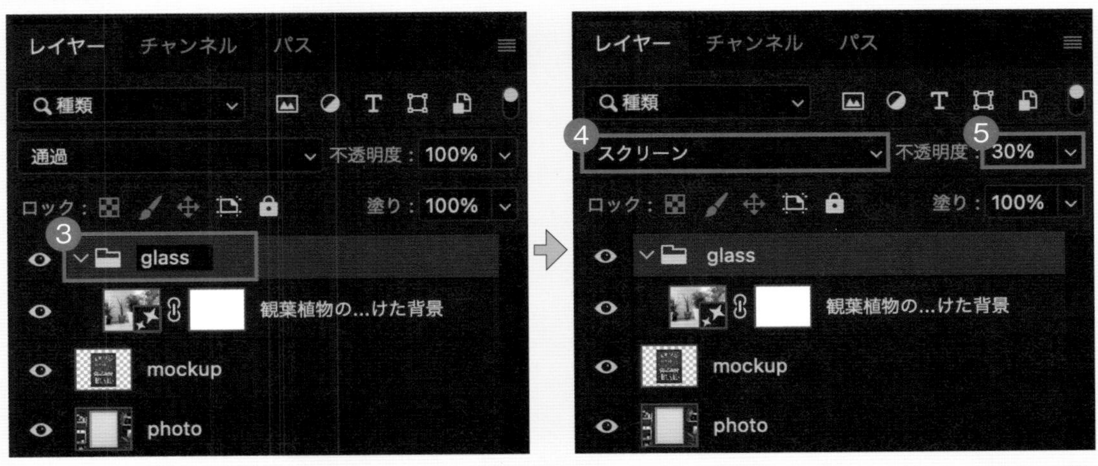

[レイヤー]パネルで生成レイヤーを選択した状態で、command+Gキー（WindowsはCtrl+Gキー）押してグループ化します。グループ名を「glass」として❸、描画モードを[スクリーン]❹、[不透明度:30%]❺にします。

3 モックアップに選択範囲を作成してマスクする

モックアップに選択範囲を作成

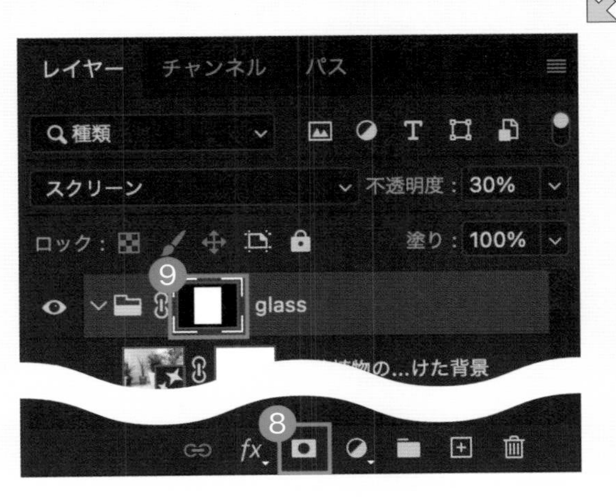

[レイヤー]パネルで[mockup]レイヤーのレイヤーサムネイルをcommandキー＋クリック（WindowsはCtrlキー＋クリック）して❻、選択範囲を作成します❼。[glass]グループを選択して、[レイヤー]パネル下部の[レイヤーマスクを追加]をクリックします❽。選択範囲を作成したモックアップ以外の部分がマスクされるので❾、これで完成です。なお、プロンプトはモックアップのシーンに合わせて適宜変更しましょう。

005 Photoshop

水紋を生成して商品写真に潤いやみずみずしさを足す

操作動画

Photoshopで透明感のある水紋を生成して商品写真に合成します。水紋は美容液やコンタクトレンズの潤い感、フルーツのみずみずしさを連想させたいときなどに幅広く使われている表現です。「上からの構図」というワードで商品写真に合わせた構図で生成するのがこの作例のポイントです。

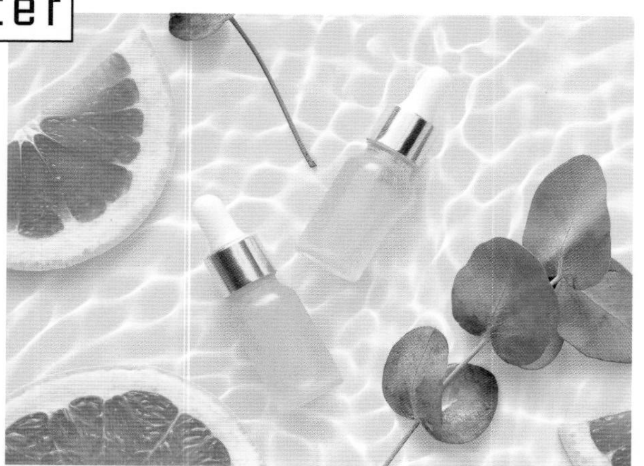

Before

Prompt

透明感のある水紋、上からの構図

1 土台のレイヤーを複製

サンプル[005_base.psd]を開きます。[レイヤー]パネルで[photo]レイヤーを選択し、command+Jキー（WindowsはCtrl+Jキー）を押して❶、レイヤーを複製します。複製したほうのレイヤー名を[photo_02]に変更し❷、[photo]レイヤーは一旦非表示にしましょう❸。

2 画像内のオブジェクトを[オブジェクト選択ツール]ですべて選択

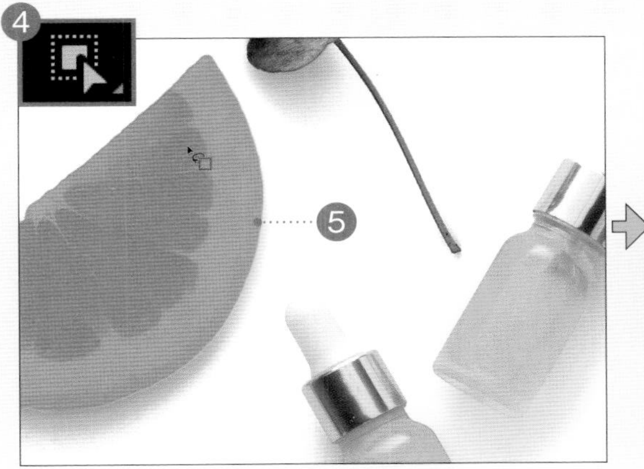

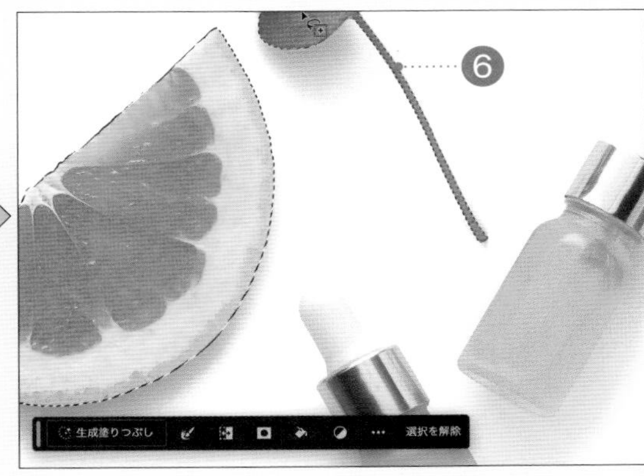

計7つのオブジェクトに選択範囲を作成する

[オブジェクト選択ツール]を選択して❹、左上のグレープフルーツをクリックします❺。続けて、shiftキーを押しながらその隣の葉っぱをクリックします❻。同様に、shiftキーを押しながら、画像内にあるコスメ・グレープフルーツ・葉っぱなどのオブジェクトをクリックして選択しましょう。この画像の場合、計7つのオブジェクトの選択範囲を作ることになります❼。

3 選択範囲をマスクしてレイヤーを表示

オブジェクトの背景がマスクされる

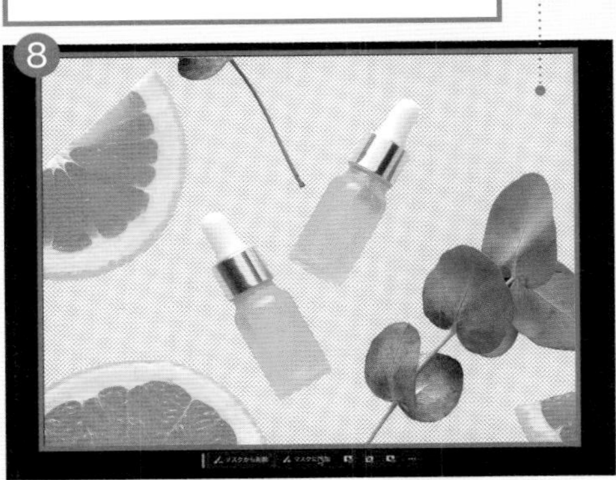

コンテキストタスクバーから[選択範囲からマスクを作成]をクリックしてマスクします。きちんとマスクされていることを確認したら❽、[レイヤー]パネルで[photo]レイヤーを表示します❾。

4 画像を生成して描画モードと不透明度を変更

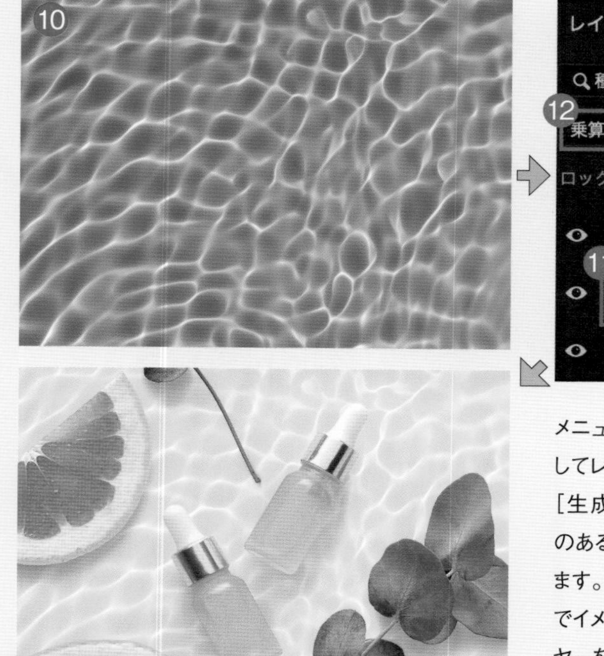

メニューバーから[選択範囲]-[すべてを選択]をクリックしてレイヤー全体を選択します。コンテキストタスクバーの[生成塗りつぶし]をクリックして、プロンプトを「透明感のある水紋、上からの構図」と入力し、[生成]をクリックします。水紋の画像が生成されたら⑩[プロパティ]パネルでイメージに近い候補を選択しましょう。続いて、生成レイヤーを[photo_02]レイヤーの下に配置し⑪、描画モードを[乗算]に⑫、[不透明度:20%]にします⑬。

5 色相・彩度を調整してクリッピングを適用

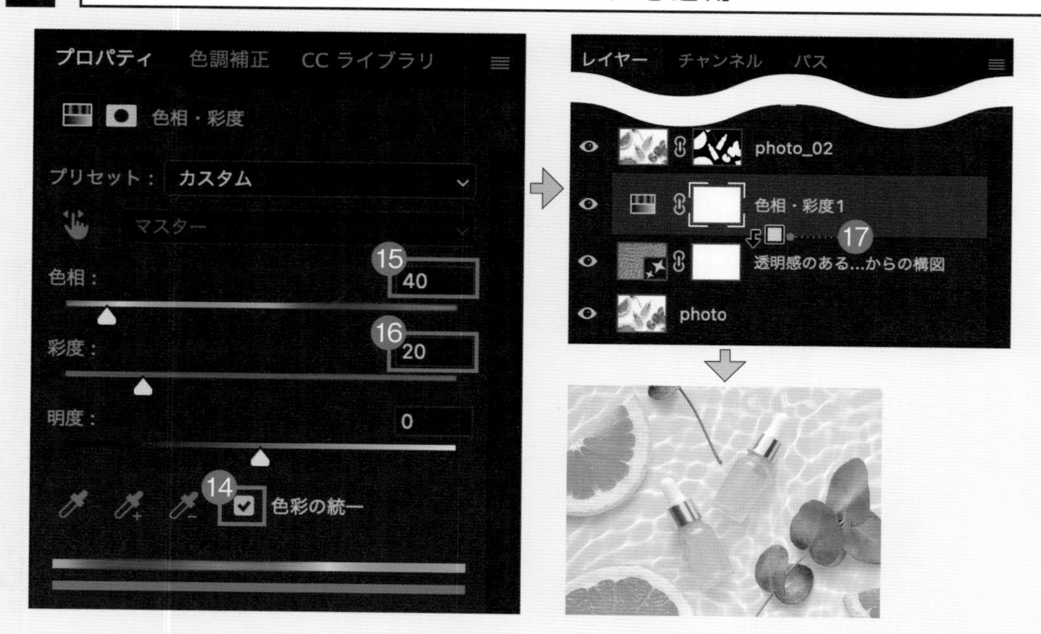

[レイヤー]パネル下部の[塗りつぶしまたは調整レイヤーを新規作成]-[色相・彩度]をクリックします。[プロパティ]パネルから[色彩の統一]にチェックを入れ⑭、[色相:40]⑮[彩度:20]⑯にします。[レイヤー]パネルで[色相・彩度]と生成レイヤーの間をoptionキー+クリック(WindowsはAltキー+クリック)して⑰、クリッピングしたら完成です。

Webアプリの[合成]にあるワードが参考になる!

この作例では構図の指定に「上からの構図」というワードを追加しました。似たような上からの構図の指定には「俯瞰」があります。

プロンプトで生成する際に「構図」や「照明」も重要な要素の1つですが、指定するワードが分からない場合は、Fireflyの「テキストから画像生成」ページが参考になります。サイドメニューの下にある[合成]をクリックすると「俯瞰」の他にも「クローズアップ」や「浅い被写界深度」など参考になるワードがいくつも並んでいます。

■なし

■クローズアップ

■ノーリング

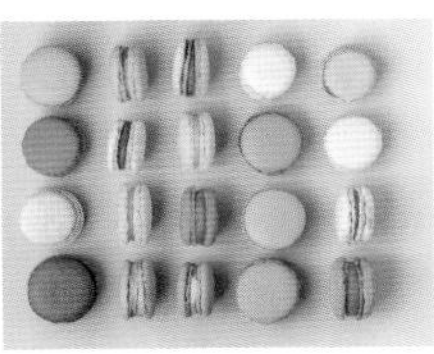

■風景写真

■マクロ写真

■窓越しの撮影

■浅い被写界深度

■俯瞰

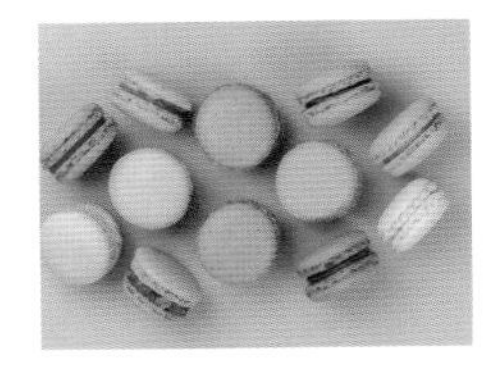

■あおり

■表面のディテール

■広角

風景ミキサー＋生成AIで雪景色を作る

操作動画

Photoshopで雪を生成して写真の天気を変化させます。雪を合成しつつ背景の山を雪山に変化させます。雪山への変化は[風景ミキサー]というニューラルフィルターを使いますがこちらもAIが活用されており、雪山以外にも様々なプリセットが用意されています。

After

Before

Prompt

降雪、黒い背景

Hint

▼サンプル：006_hint_01.psd／006_hint_02.psd

雷や雨など別の天候にも応用できる！

この作例では雪を生成して「描画モード：スクリーン」で雪景色を作りましたが、他の天候でも可能です。別のアイデアとして「雨」「雷」を作成したのでご参照ください。どちらの作例も黒い背景で生成して描画モードを[スクリーン]にして重ねています。

土台の画像

プロンプト
「降雨、黒い背景」

プロンプト
「雷、黒い背景」

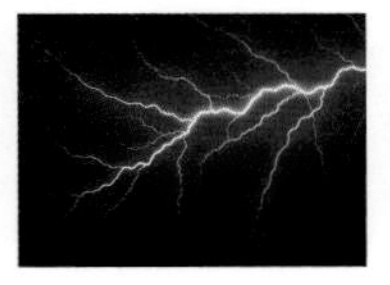

1 写真に「風景ミキサー」を適用して雪景色に

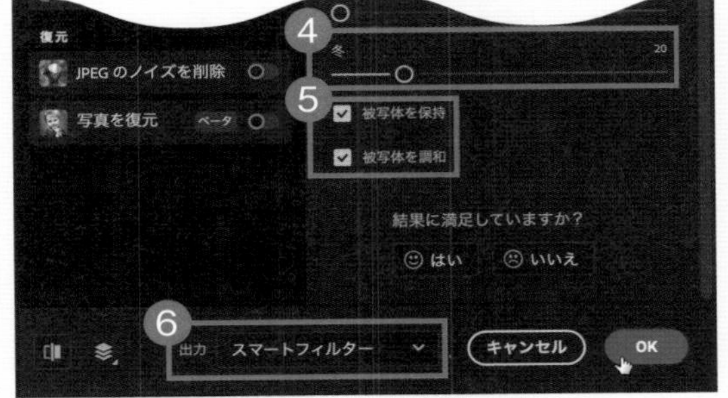

フィルターが適用され雪景色になる

サンプル[006_base.psd]を開きます。メニューバーから[フィルター]-[ニューラルフィルター]をクリックします。[風景ミキサー]をオンにし❶、[プリセット]にある下から2番目、中央の雪山のサムネイルを選択します❷。[強さ:100]❸[冬:20]❹とし、[被写体を保持]と[被写体を調和]にチェックを入れましょう❺。

[被写体を保持]にチェックを入れると、被写体と認識された部分がフィルターの適用外となり、もとの状態が保持されます。さらに、[被写体を調和]にチェックを入れると、風景に合わせて被写体の色味が自動で調整されます。

[出力:スマートフィルター]としたら❻、[OK]をクリックしてフィルターを適用しましょう。[出力:スマートフィルター]はニューラルフィルターによって生成されたピクセルが、スマートフィルターとして出力され、レイヤーはスマートオブジェクト化します。

2 雪を生成して描画モードを[スクリーン]に変更

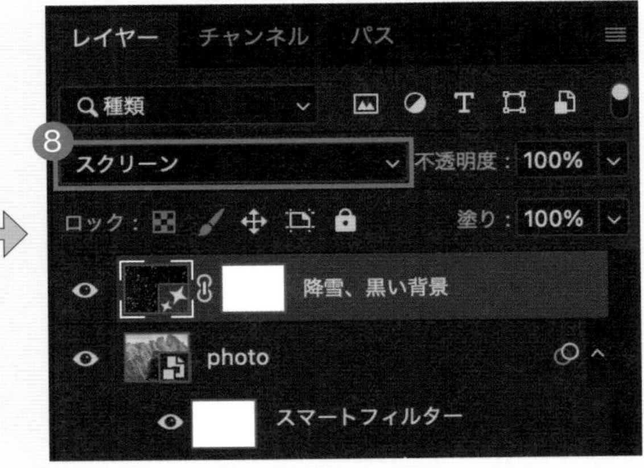

メニューバーから[選択範囲]-[すべてを選択]をクリックしてレイヤー全体を選択します。コンテキストタスクバーの[生成塗りつぶし]をクリックして、プロンプトを「降雪、黒い背景」と入力します。雪の画像が生成されたら❼[プロパティ]パネルでイメージに近い候補を選択しましょう。生成レイヤーの描画モードを[スクリーン]にしたら❽完成です。

007 Photoshop

テクスチャを生成して しわの形状にロゴをなじませる

操作動画

Photoshopでサテンの生地を生成して生地の形状に合わせてロゴを変形させます。ロゴの変形を[置き換え]というフィルターで行い、さらに描画モードの[乗算]とブレンド条件で生成したサテンの生地にロゴをなじませまるのがこの作例のポイントです。

After

Before

Prompt

白のサテン

1 レイヤー全体を選択して白のサテンを生成

サンプル[007_base.psd]を開きます。このファイルはロゴを[logo]というレイヤー名にし、非表示にしています。メニューバーから[選択範囲]-[すべてを選択]をクリックしてレイヤー全体を選択します。コンテキストタスクバーの[生成塗りつぶし]をクリックして❶、プロンプトを「白のサテン」と入力し、[生成]をクリックします。サテンの画像が生成されたら❷、[プロパティ]パネルでイメージに近い候補を選択しましょう。

2 [ぼかし(フィルター)]を適用して、サテンの画像のコピーを保存

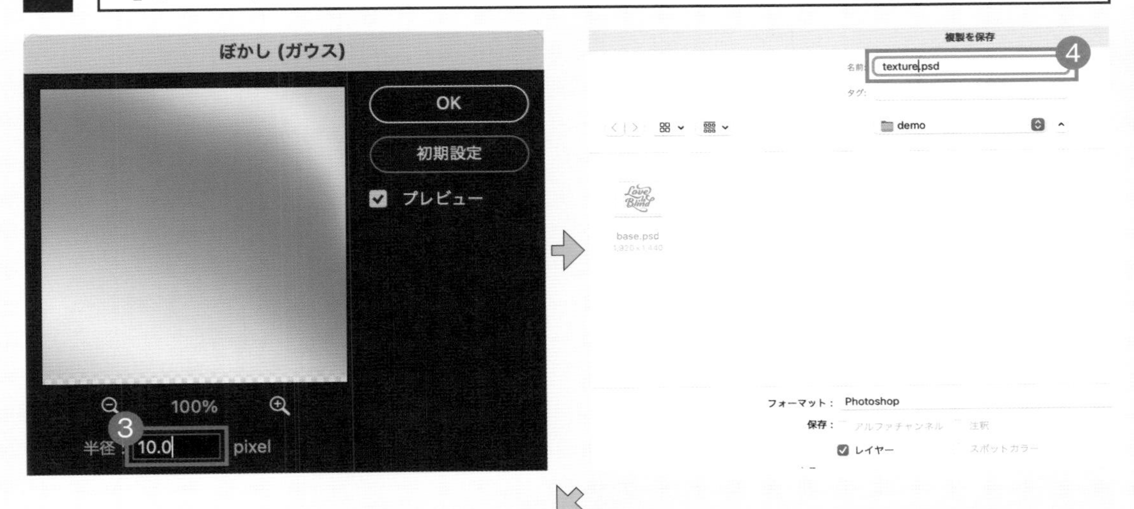

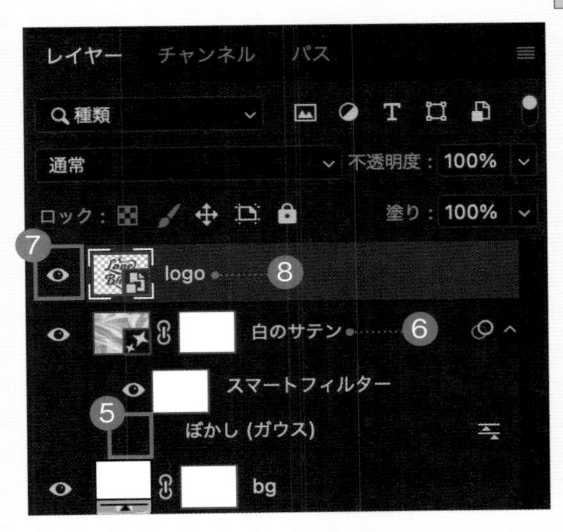

メニューバーから[フィルター]-[ぼかし]-[ぼかし(ガウス)]をクリックし、[半径:10.0pixel]にして❸、フィルターを適用します。後の工程の置き換え時に必要なのがしわの陰影で、サテンのテクスチャ感は不要なためぼかしています。次に、メニューバーから[ファイル]-[コピーを保存]をクリックします。ファイル名を「texture.psd」とし❹、保存してください。

続いて、[レイヤー]パネルで[白のサテン]レイヤーの[ぼかし(ガウス)]を非表示にして❺、[白のサテン]レイヤーを[logo]レイヤーの下に移動します❻。[logo]レイヤーを表示し❼、レイヤー名を右クリックして[スマートオブジェクトに変換]をクリックしましょう❽。

3 [置き換え]フィルターでしわの形状をロゴに反映

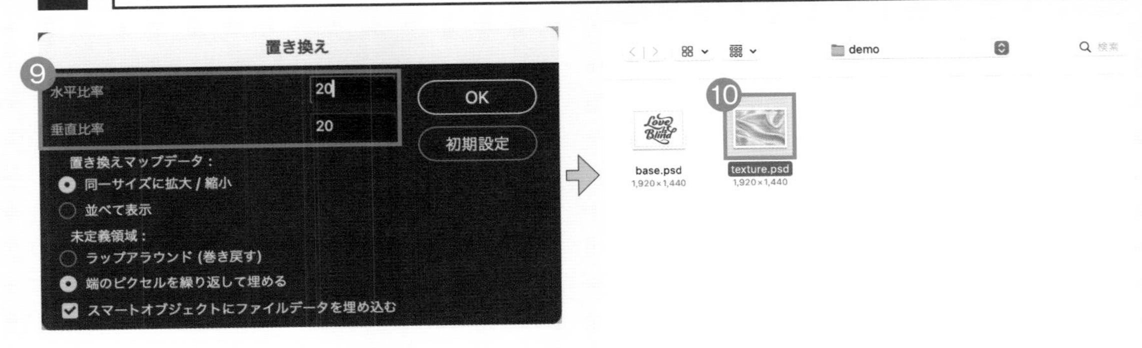

メニューバーから[フィルター]-[変形]-[置き換え]をクリックします。[水平比率:20][垂直比率:20]とし❾、[OK]をクリックします。[texture.psd]を選択して❿、[開く]をクリックしましょう。フィルターが適用され、ロゴにしわの形状が反映されます。

4　[logo]レイヤーの描画モードを[乗算]に変更

[レイヤー]パネルで[logo]レイヤーの描画モードを[乗算]に変更します⑪。

5　ブレンド条件を設定してなじませる

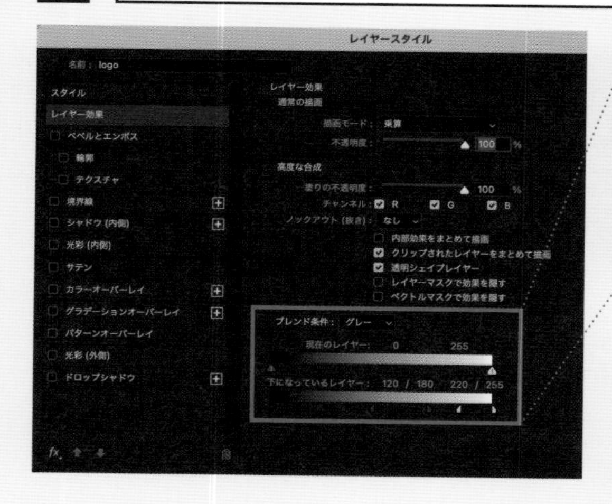

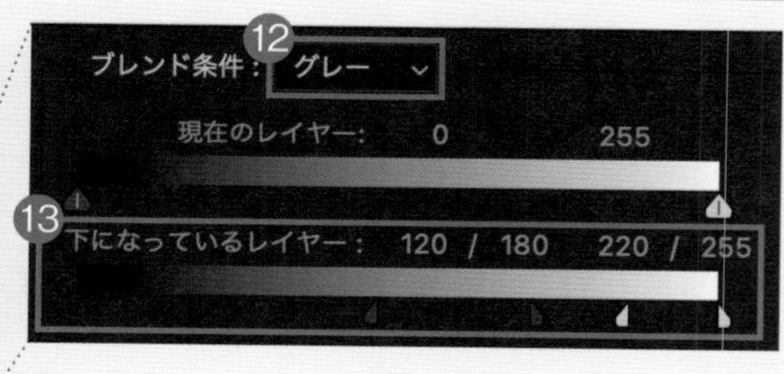

[レイヤー]パネルで[logo]レイヤーのレイヤー名の右の余白をダブルクリックして[レイヤースタイル]ダイアログを開きましょう。[レイヤー効果]の[ブレンド条件:グレー]とし⑫、[下になっているレイヤー:120/180 220/255]とします⑬。[下になっているレイヤー]の値は生成されたサテンに合わせて自然に見えるよう適宜調整してください。スライダを分割する場合はoptionキー(WindowsはAltキー)を押しながらドラッグします。これで完成です。

Hint

▼サンプル：007_hint.psd

レンガの壁やくしゃくしゃの紙でも活用できる！

この作例ではサテンを生成してロゴを[置き換え]、描画モード、ブレンド条件でなじませました。この一連の方法はサテンに限らずグランジ調の壁やくしゃくしゃの紙など様々なシーンで活用できます。別のアイデアとしてレンガの壁を生成してなじませる作例を見ていきましょう。

白のレンガの壁

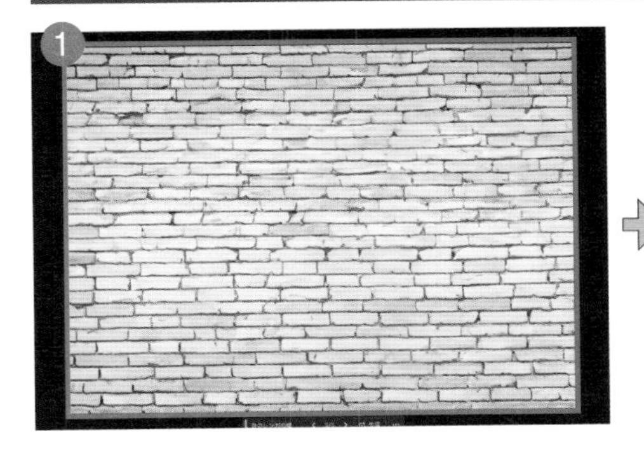

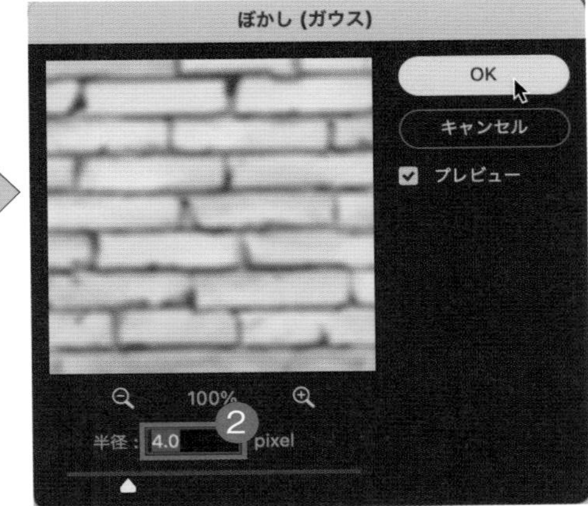

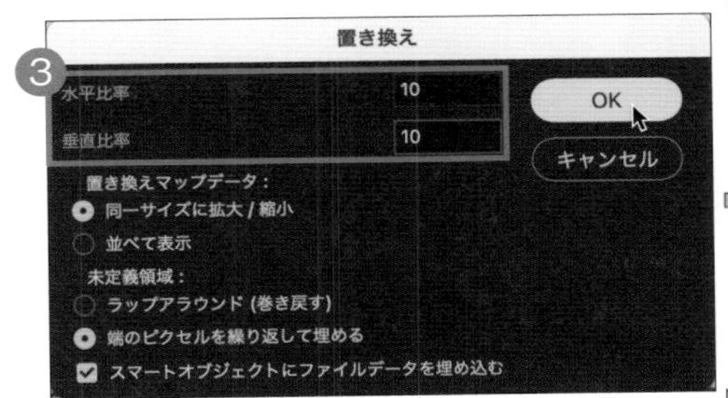

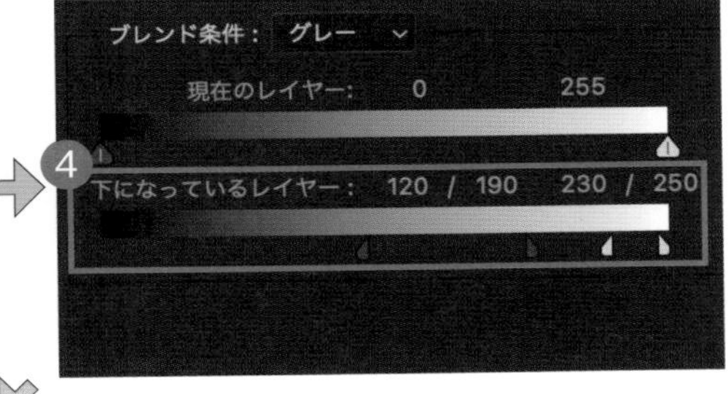

サンプル[007_hint.psd]を開き、レイヤー全体を選択してプロンプトを「白のレンガの壁」と入力して画像を生成します❶。工程[2]の[ぼかし(ガウス)]ダイアログでは[半径:4.0pixel]とします❷。工程[3]の[置き換え]ダイアログでは、[水平比率:10][垂直比率:10]とします❸。[ブレンド条件:グレー]の[下になっているレイヤー:120/190　230/250]とします❹。

008

Photoshop Illustrator

テクスチャでロゴを スタンプ風のかすれ加工に

操作動画

Photoshopでスクラッチテクスチャを生成して、Illustratorでスタンプ風のかすれ加工を行います。スクラッチとは傷のことでスタンプやヴィンテージ風の加工を行うときによく用いられる素材です。かすれ素材として扱いやすいよう[2階調化]で白黒にするのがこの作例のポイントです。

After

Before

Prompt

スクラッチ、テクスチャ

1 レイヤー全体を選択してテクスチャを生成

サンプル[008_base.psd]をPhotoshopで開き、メニューバーから[選択範囲]-[すべてを選択]をクリックします。コンテキストタスクバーの[生成塗りつぶし]をクリックして❶、プロンプトを「スクラッチ、テクスチャ」と入力し、[生成]をクリックします。画像が生成されたら❷、[プロパティ]パネルでイメージに近い候補を選択しましょう。

2 [2階調化]を適用してCCライブラリに追加

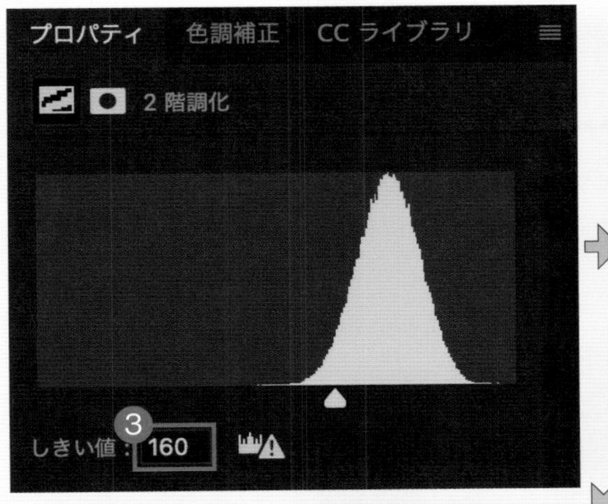

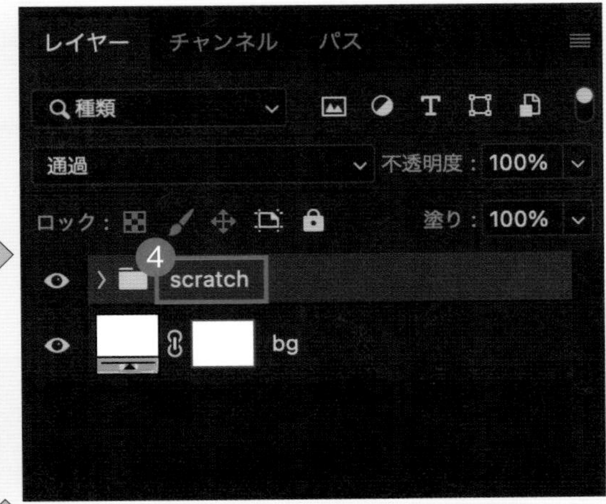

[レイヤー]パネル下部の[塗りつぶしまたは調整レイヤーを新規作成]-[2階調化]をクリックし、テクスチャを白と黒だけの2階調の状態にします。[プロパティ]パネルで[しきい値:160]とします❸。[しきい値]の値は生成された画像に合わせて適宜調整してください。

[レイヤー]パネルで[2階調化]と生成レイヤー[スクラッチ、テクスチャ]の2つを選択して、command+Gキー(WindowsはCtrl+Gキー)を押してグループ化しましょう。グループ名は[scratch]とします❹。グループ化したのはCCライブラリに[2階調化]を適用した生成レイヤーを追加するためです。続いて[CCライブラリ]パネルで任意のライブラリを選択(または作成)し、下部の[+]から[画像]をクリックして❺、ライブラリに追加します❻。

3 生成したテクスチャをアートボードに配置

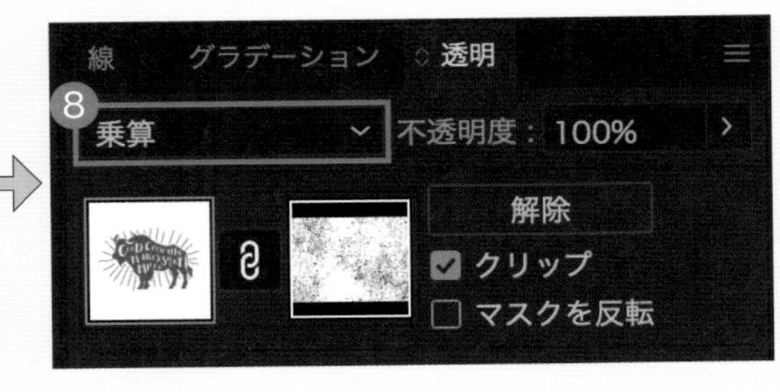

Illustratorで「008_base.ai」を開き、[レイヤー]パネルで[illust]レイヤーを選択します。[CCライブラリ]パネルから追加したグラフィックを右クリックし、[コピーを配置]をクリックしてアートボードにテクスチャ画像を配置します。配置したテクスチャ画像とロゴを[選択ツール]でまとめて選択します❼。[透明]パネルで[マスク作成]をクリックし、描画モードを[乗算]にしたら❽、完成です。

霧を生成して簡易ループアニメーションを作る

操作動画

Photoshopで霧を生成して簡易的なループアニメーションを作成します。霧は朝を表現したいときや不気味な雰囲気を強調させたいときによく用いられる素材です。シームレスなループアニメーションにするため、生成した霧を生成塗りつぶしで加工するのがこの作例のポイントです。

Before

Prompt

霧、黒い背景

1 レイヤー全体を選択して霧を生成

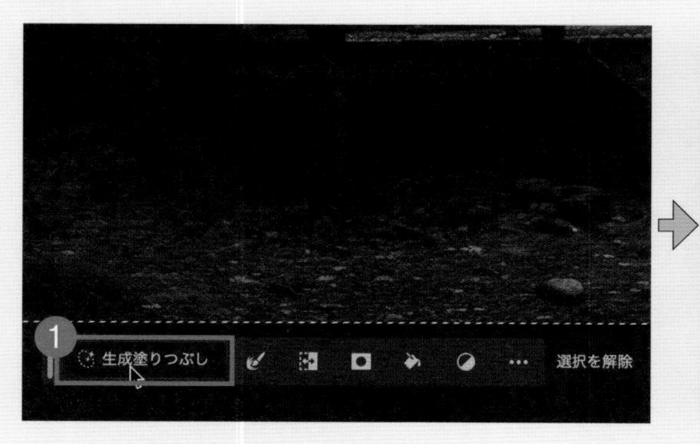

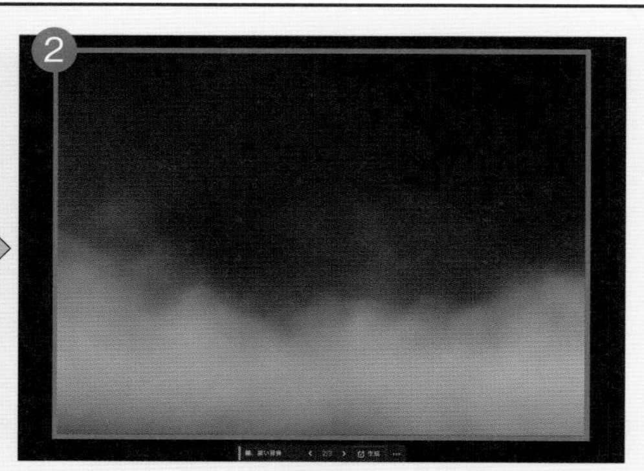

サンプル[009_base.psd]を開きます。メニューバーから[選択範囲]-[すべてを選択]をクリックしてレイヤー全体を選択します。コンテキストタスクバーの[生成塗りつぶし]をクリックして❶、プロンプトを「霧、黒い背景」と入力し、[生成]をクリックします。霧の画像が生成されたら❷、[プロパティ]パネルでイメージに近い候補を選択しましょう。

2 レイヤー全体を選択して霧を生成

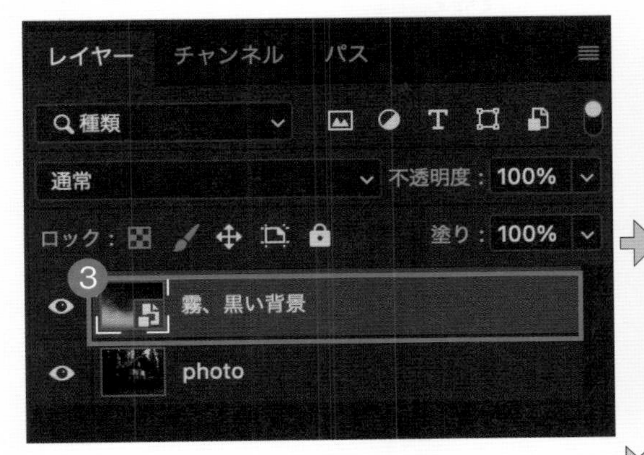

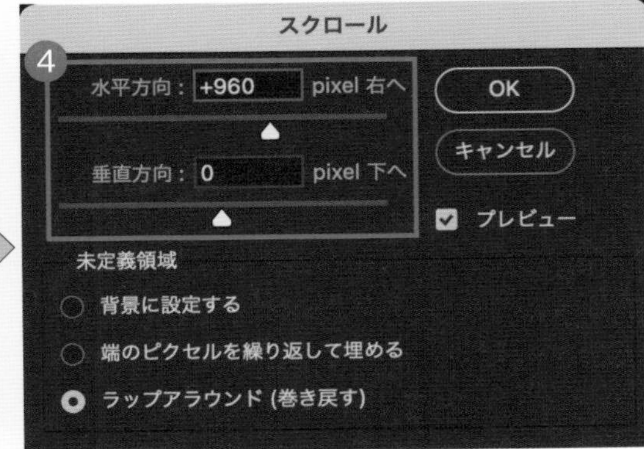

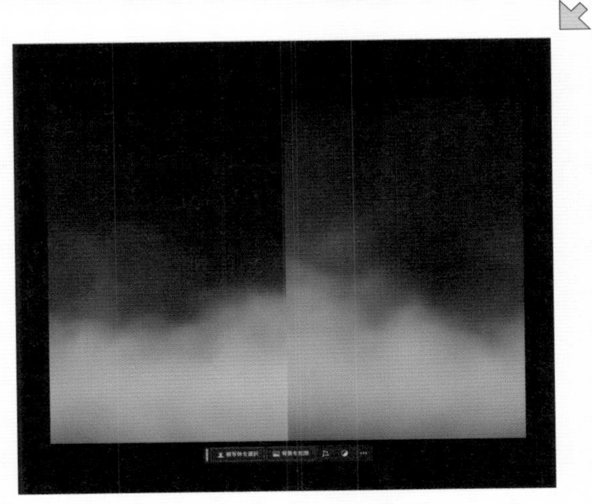

[レイヤー]パネルで生成レイヤーのレイヤー名を右クリックして、[スマートオブジェクトに変換]をクリックします❸。メニューバーから[フィルター]-[その他]-[スクロール]をクリックして、[スクロール]ダイアログを表示しましょう。[水平方向:+960pixel右へ]、[垂直方向:0pixel下へ]とし❹、フィルターを適用します。なお、[960pixel]は、カンバスサイズの横幅[1920pixel]の半分の値です。

3 選択範囲を作成して境界を補完する

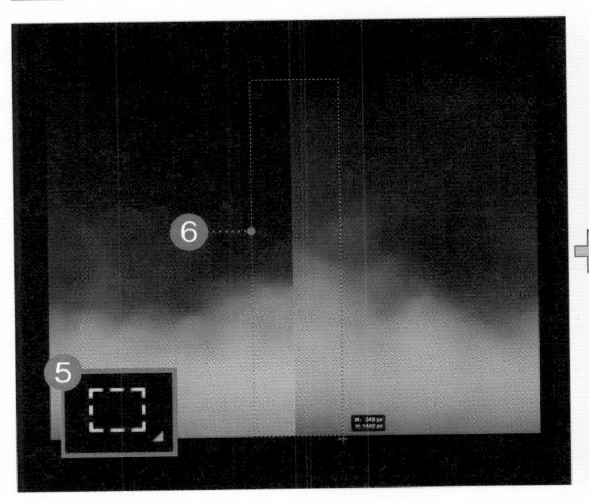

[長方形選択ツール]を選択して❺、縦の中央の境界を囲うように選択範囲を作成します❻。コンテキストタスクバーの[生成塗りつぶし]をクリックして、プロンプトは入力せず、[生成]をクリックします。境界が補完されたら❼、[プロパティ]パネルでイメージに近い候補を選択します。うまく行かない場合は選択範囲を大きめに取ってみましょう。

4 霧のレイヤーを複製して描画モードを[スクリーン]に変更

[レイヤー]パネルで[生成塗りつぶし][霧、黒い背景]の2レイヤーを選択し、右クリックして[レイヤーを結合]をクリックします。レイヤー名を[fog_01]にし❽、メニューバーから[レイヤー]-[新規]-[コピーしてレイヤー作成]をクリックして複製します。レイヤー名を[fog_02]にし❾、[fog_02]レイヤーを選択して[プロパティ]パネルで[X:1920px]にします❿。この工程により[fog_01]と[fog_02]が横に並びます。[レイヤー]パネルで[fog_01][fog_02]の2レイヤーを選択して結合したら、レイヤー名を[fog_03]にし⓫、[描画モード]を[スクリーン]にしましょう⓬。

5 タイムラインを作成して動画の長さを10秒に変更

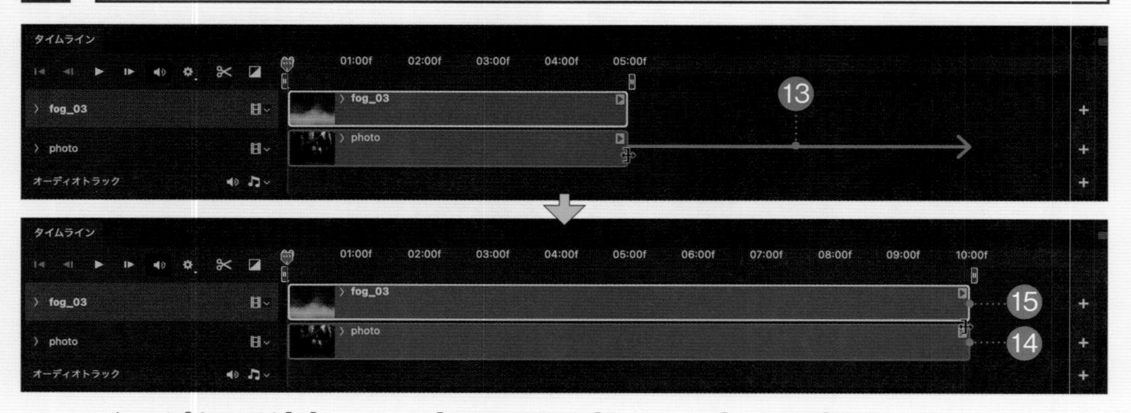

メニューバーから[ウィンドウ]-[タイムライン]をクリックして、[タイムライン]パネルで[ビデオタイムラインを作成]をクリックします。[photo]レイヤーの右端を[10:00f]までドラッグして⓭、デュレーションを10秒にします⓮。続けて、[fog_03]レイヤーもドラッグして10秒にしましょう⓯。

6 霧が右から左に移動するよう[位置]にキーフレームを追加

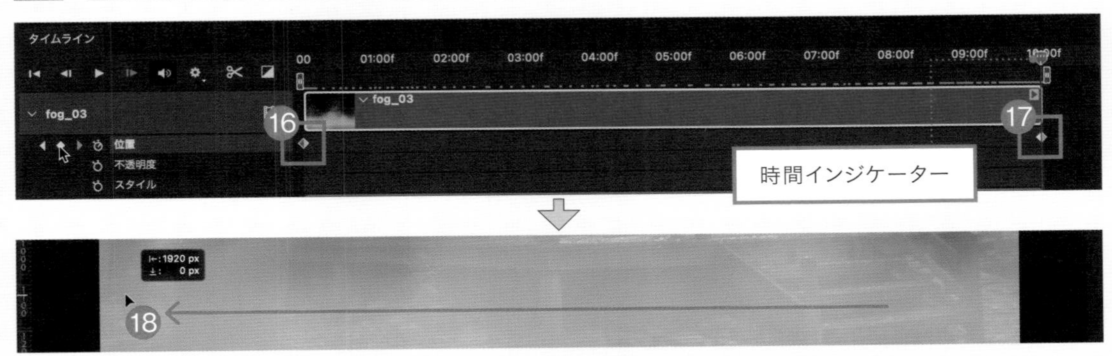

時間インジケーターを[00]に移動して[fog_03]の位置プロパティにあるストップウォッチアイコンをクリックして、キーフレームを追加します⑯。時間インジケーターを[10:00f]に移動して、◆をクリックして、さらにキーフレームを追加します⑰。そのまま[移動ツール]で[fog_03]を[-1920px]の位置まで左に移動しましょう⑱。shiftキーを押しながらドラッグすると水平方向のみ移動できます。

7 霧の濃淡が変化するよう[不透明度]にキーフレームを追加

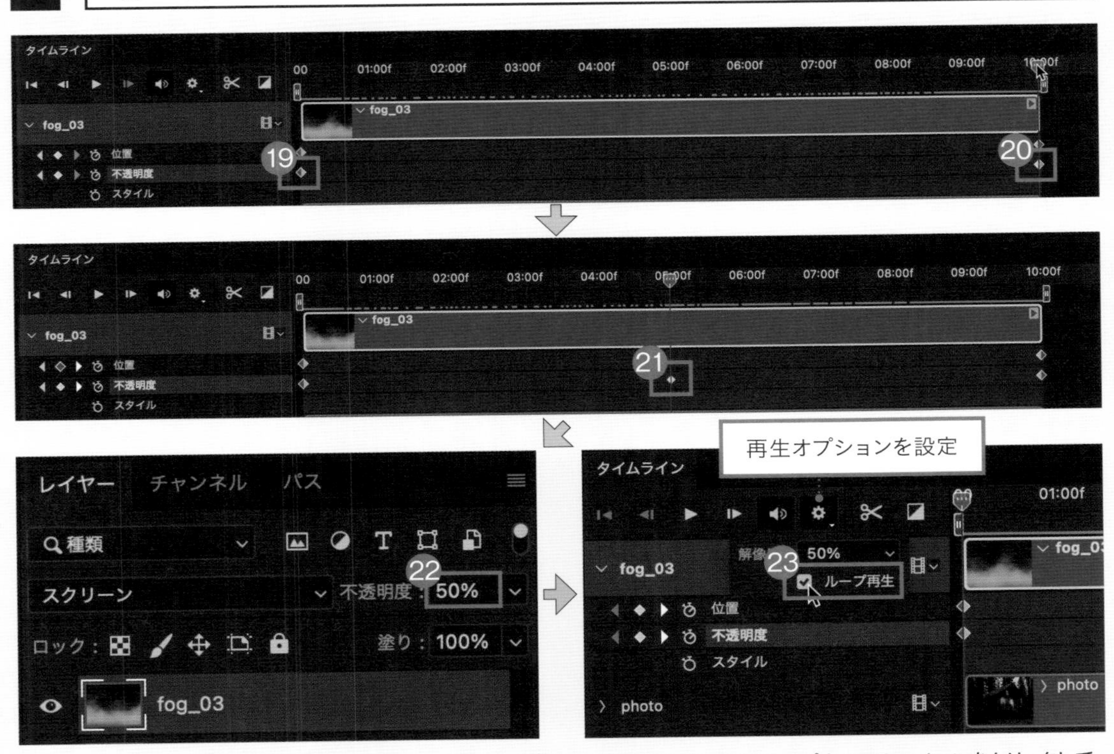

時間インジケーターを[00]に移動して[fog_03]の不透明度プロパティにあるストップウォッチアイコンをクリックして、キーフレームを追加します⑲。時間インジケーターを[10:00f]に移動して◆をクリックして、2つ目のキーフレームを追加します⑳。続けて、時間インジケーターを[05:00f]に移動して3つ目のキーフレームを追加します㉑。そのまま[レイヤー]パネルで[fog_03]レイヤーを[不透明度:50%]にしましょう㉒。[再生オプションを設定]をクリックして、[ループ再生]にチェックを入れたら㉓、完成です。[再生]をクリックして動きを確認してみましょう。動画を書き出す場合は、メニューバーから[ファイル]-[書き出し]-[ビデオをレンダリング]をクリックすると、mp4形式で出力できます。

010

Photoshop

破れた紙を装飾として活用し二面性や対立を表現!

操作動画

Photoshopで破れた紙を生成して人物の写真をカラーとモノクロに分けます。破れた紙は装飾としての活用はもとより、二面性・同一性・対立などを表現するためにデザインで非常によく使われる表現です。破れた紙に描画モードの[スクリーン]を適用するため、黒い背景に生成することがこの作例のポイントです。

After

Before

Prompt

破れた白い紙

1 カンバスの左半分より大きめに選択範囲を作成し、破れた紙を生成

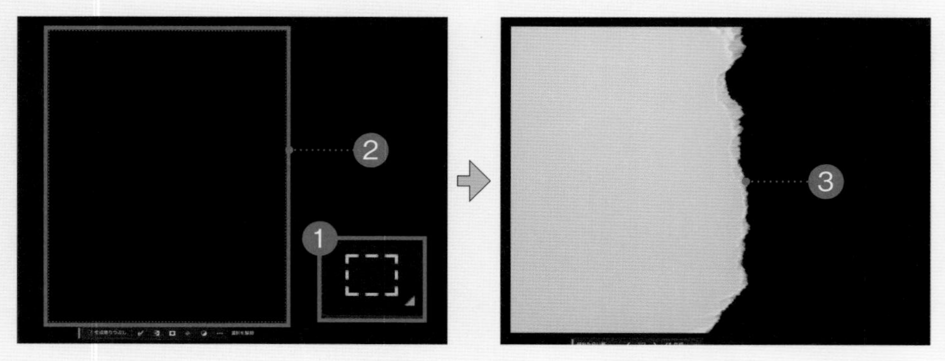

サンプル[010_base.psd]を開き、[レイヤー]パネルで[photo]レイヤーを非表示にします。[長方形選択ツール]で❶カンバスの左半分より気持ち大きめに選択範囲を作りましょう❷。コンテキストタスクバーの[生成塗りつぶし]をクリックして、プロンプトを「破れた白い紙」と入力し、[生成]をクリックします。画像が生成されたら❸、[プロパティ]パネルでイメージに近い候補を選択しましょう。

2 描画モードを[スクリーン]にし、レイヤーを複製してマスクを追加

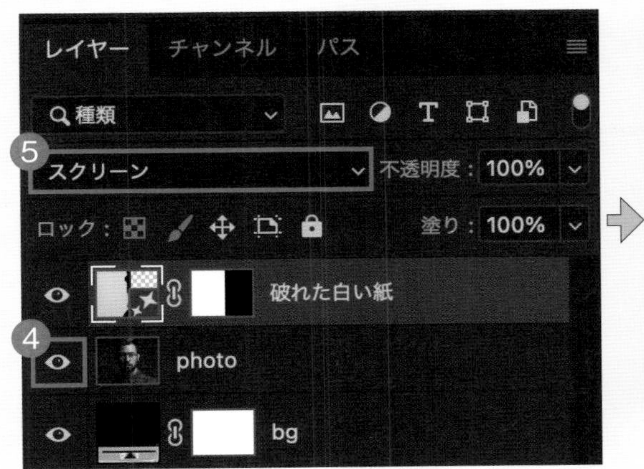

紙の境界に沿って選択範囲を作成

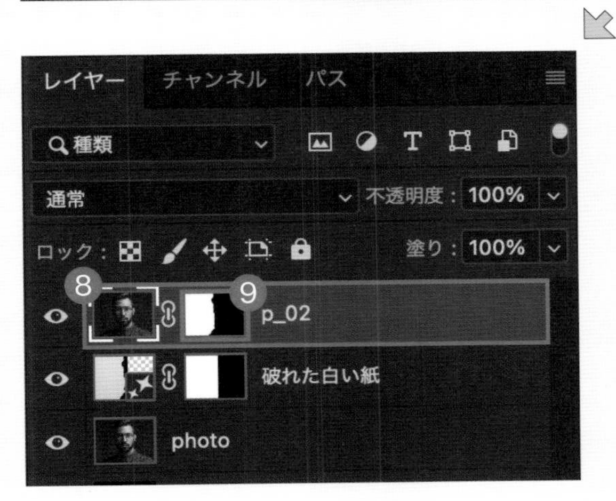

[レイヤー]パネルで[photo]レイヤーを表示し❹、[破れた白い紙]レイヤーの描画モードを[スクリーン]にします❺。[移動ツール]で[破れた白い紙]レイヤーを顔が半分隠れる位置に移動し、[なげなわツール]で❻紙の内側の境界に沿って選択範囲を作成します❼。選択範囲が作成できれば良いので[多角形選択ツール]などでも構いません。[レイヤー]パネルで[photo]レイヤーを option キー(Windowsは Alt キー)を押しながらドラッグして複製し、[破れた白い紙]レイヤーの上に配置します。レイヤー名を[p_02]とし❽、下部の[レイヤーマスクを追加]をクリックしてマスクを追加します❾。

3 彩度を調整してクリッピングマスクを適用

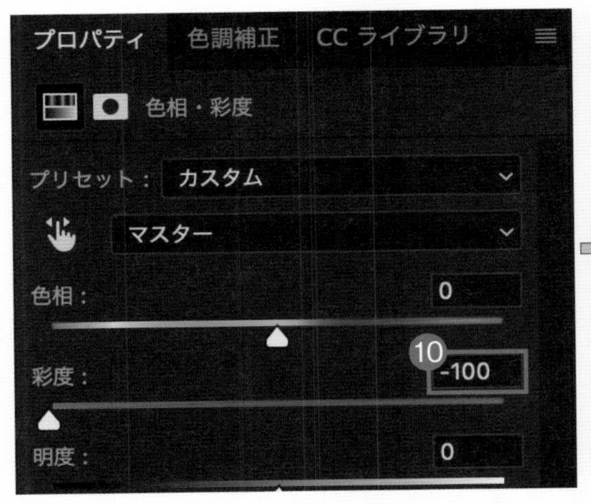

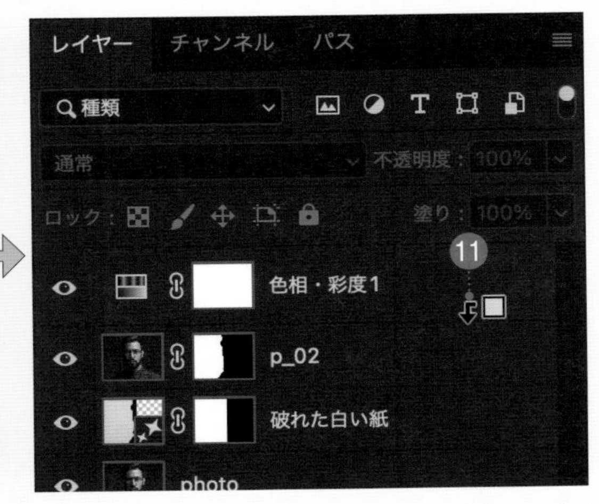

[レイヤー]パネル下部の[塗りつぶしまたは調整レイヤーを新規作成]-[色相・彩度]をクリックします。[プロパティ]パネルで[彩度:-100]にします❿。[レイヤー]パネルで[色相・彩度]レイヤーと[p_02]レイヤーの間を option キー+クリック(Windowsは Alt キー+クリック)して⓫、クリッピングマスクをしたら完成です。

011

Photoshop

生成したガラスで作る ひび割れたガラスのエフェクト

操作動画

Photoshopでひびの入ったガラスを生成して人物を割れたガラスに合わせて加工します。ガラスのひびは不穏な印象を与えるのでミステリーのポスターなどデザインのモチーフとしてよく用いられます。ガラスのひびに合わせてシェイプを作り、クリッピングした人物を移動することで割れているガラスの表現を強調します。

After

Before

Prompt

ガラス、ヒビ、黒い背景

1 レイヤー全体を選択して割れたガラスを生成

サンプル[011_base.psd]を開きます。メニューバーから[選択範囲]-[すべてを選択]をクリックします。コンテキストタスクバーの[生成塗りつぶし]をクリックして❶、プロンプトを「ガラス、ヒビ、黒い背景」と入力し、[生成]をクリックします。画像が生成されたら❷、[プロパティ]パネルでイメージに近い候補を選択しましょう。

2 描画モードを[スクリーン]にしてグループを作成

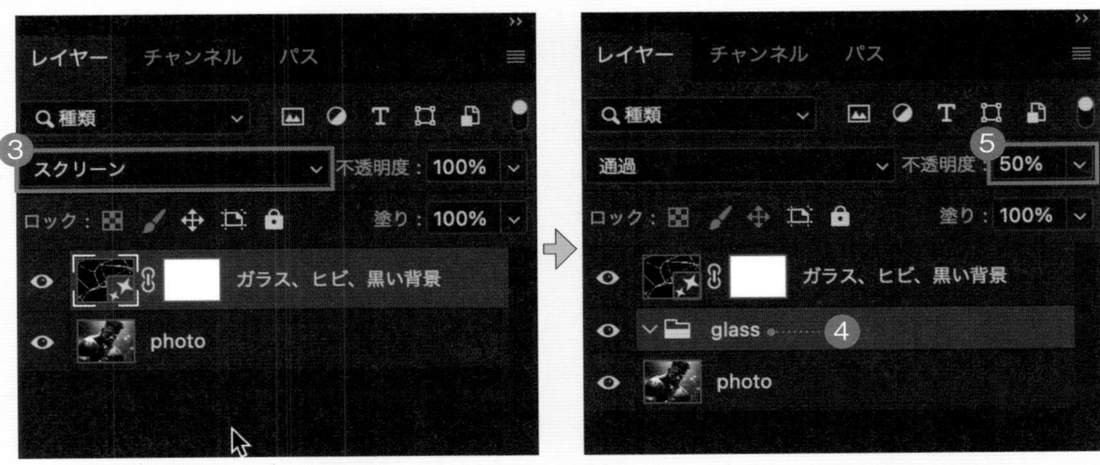

[レイヤー]パネルで生成レイヤーの描画モードを[スクリーン]にします❸。[レイヤー]パネル下部の[新規グループを作成]をクリックして、グループ名を[glass]とします❹。[glass]グループを生成レイヤーの下に配置し、[不透明度:50%]にします❺。次の工程でシェイプを作成しますが、作業をしやすくするために不透明度を一旦下げています。

3 ガラスのひびに合わせてシェイプを作成

ひびに合わせてシェイプを作成

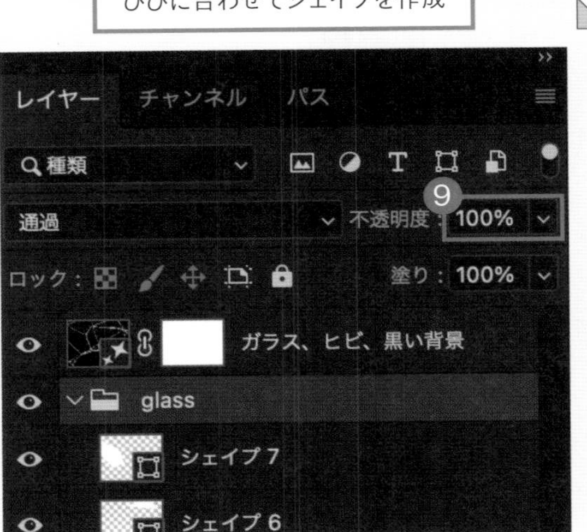

[ペンツール]を選択し❻、ガラスのひびに合わせてシェイプを作成します❼。シェイプはオプションバーで[塗り:白][線:なし]として、[レイヤー]パネルで[glass]グループの中に配置します。同様に、シェイプを複数作成しましょう❽。今回シェイプは7つ作成しました。シェイプの数は生成された画像に合わせて適宜調整してください。[レイヤー]パネルで[glass]グループを選択し、[不透明度:100%]にします❾。

4 [photo]レイヤーを複製してクリッピングマスクを適用

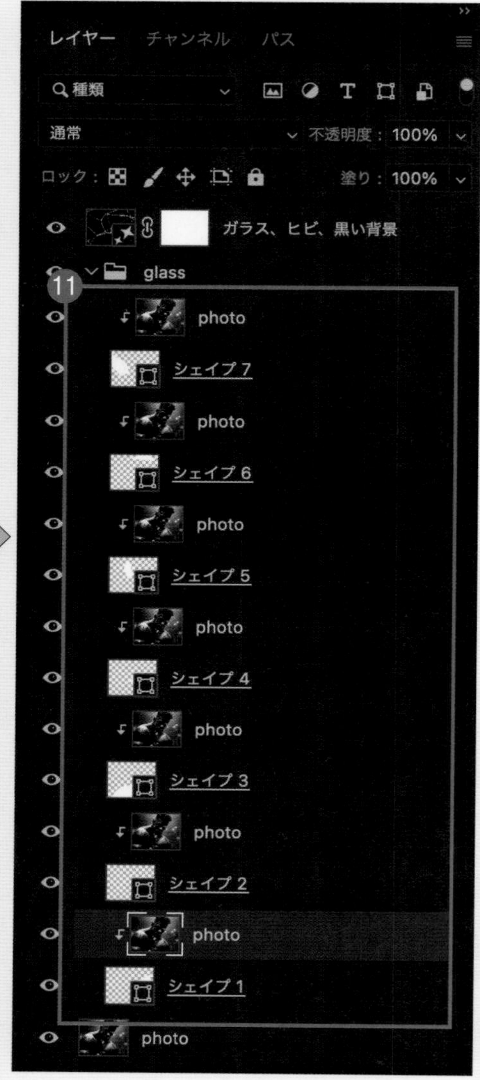

option キー（Windowsは Alt キー）を押しながらドラッグすると、レイヤーを複製できるので、[レイヤー]パネルでシェイプ1つに対して[photo]レイヤーを1枚複製します⑩。今回はシェイプを7つ作成したので、シェイプと[photo]レイヤーの組み合わせが7セットできることになります。

続いて、[レイヤー]パネルで[photo]レイヤーとシェイプレイヤーの間を option キー＋クリック（Windowsは Alt キー＋クリック）してクリッピングマスクします⑪。クリッピングマスクも7セットすべてで行います。

5 [glass]グループ内の[photo]レイヤーをずらす

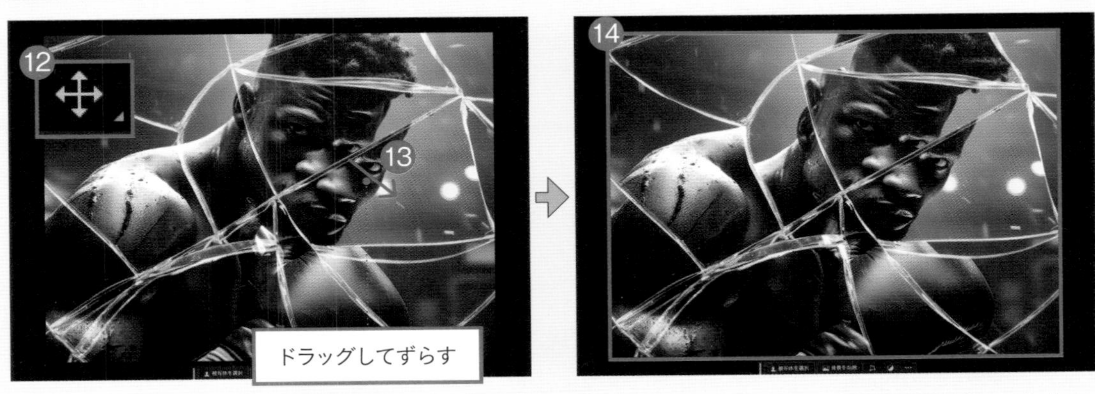

[移動ツール]を選択して⑫、[glass]グループ内の[photo]レイヤーをドラッグしてずらします⑬。同様に[glass]グループ内の他の[photo]レイヤーもずらしましょう⑭。

6 [glass]グループ内の[photo]レイヤーの不透明度を調整

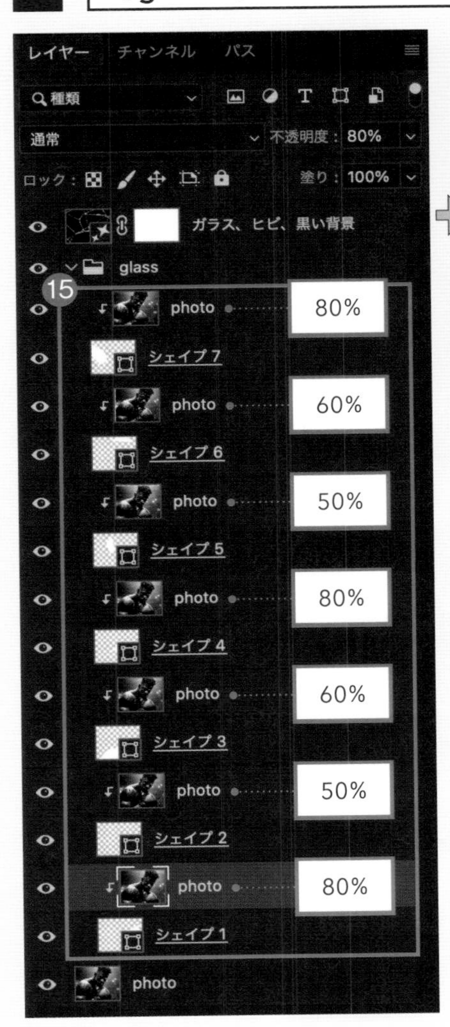

[glass]グループ内の[photo]レイヤーの[不透明度]を80%、60%、50%のいずれかに変更します⑮。ここでは、左の画像に記載した数値にそれぞれ変更しました。なお、[不透明度]は[移動ツール]を選択した状態で、キーボードの数字キーを押すと素早く変更できます。これで完成です。

012 Photoshop

白黒のイラストを使って ホログラムステッカーを作成

操作動画

Photoshopでグリッター風のホログラムを生成して、白と黒で構成されたイラストに適用することでホログラムステッカーを作成します。グリッターとはきらめきや輝きを意味し、プロンプトにホログラムとグリッターを組み合わせることで、粒状のホログラムを生成するのがこの作例のポイントです。

After

Before

Prompt

ホログラム、グリッター、テクスチャ

1 [円錐形グラデーション]を適用

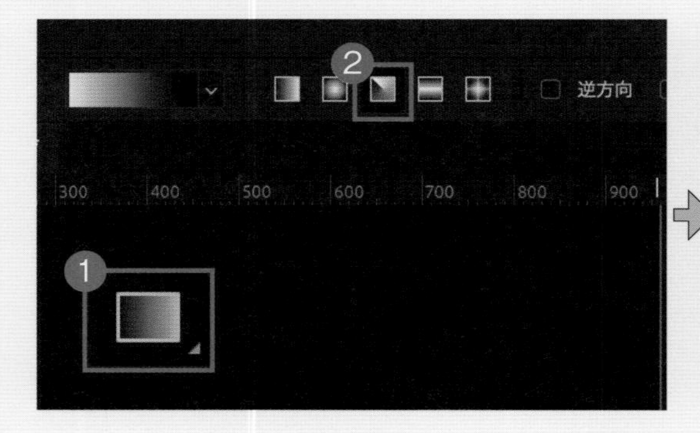

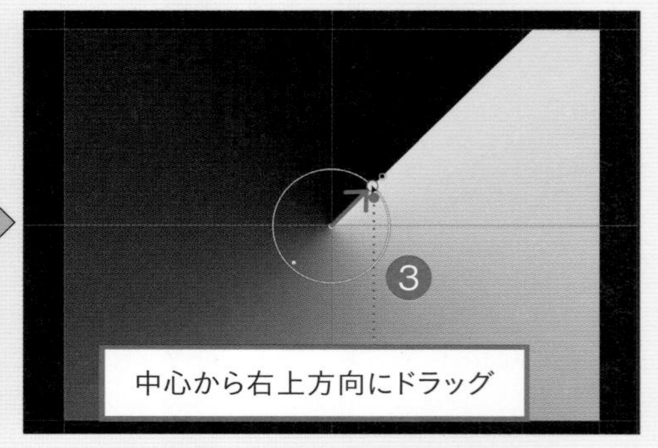

サンプル[012_base.psd]を開き、[レイヤー]パネルで[sticker]レイヤーを選択します。[グラデーションツール]を選択し❶、オプションバーで[円錐形グラデーション]を選択します❷。カンバスの中心から右上方向にドラッグします❸。なお、中心を確認するためのガイドを設定してあるので、ガイドが表示されていない場合は command ＋ H キー（Windowsは Ctrl ＋ H キー）で表示しましょう。

2 グラデーションの分岐点を設定

5点の分岐点を設定します。❹の分岐点は[カラー:#9faac5][位置:0]、❺の分岐点は[カラー:#e8eaf2][位置:25]、❻の分岐点は[カラー:#9faac5][位置:50]、❼の分岐点は[カラー:#e8eaf2][位置:75]、❽の分岐点は[カラー:#9faac5][位置:100]とします。

3 描画モードを[乗算]にしてホログラムの画像を生成

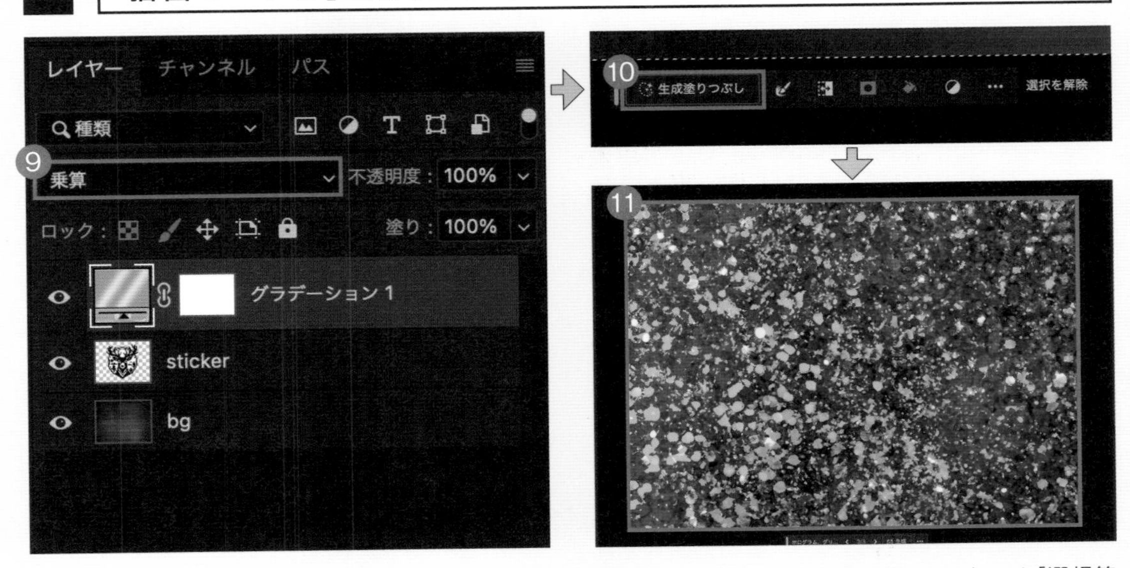

[レイヤー]パネルで[グラデーション]レイヤーを選択して、描画モードを[乗算]にします❾。メニューバーから[選択範囲]-[すべてを選択]をクリックします。コンテキストタスクバーの[生成塗りつぶし]をクリックして❿、プロンプトを「ホログラム、グリッター、テクスチャ」と入力し、[生成]をクリックします。画像が生成されたら⓫、[プロパティ]パネルでイメージに近い候補を選択しましょう。

4 生成レイヤーの描画モードと不透明度を変更

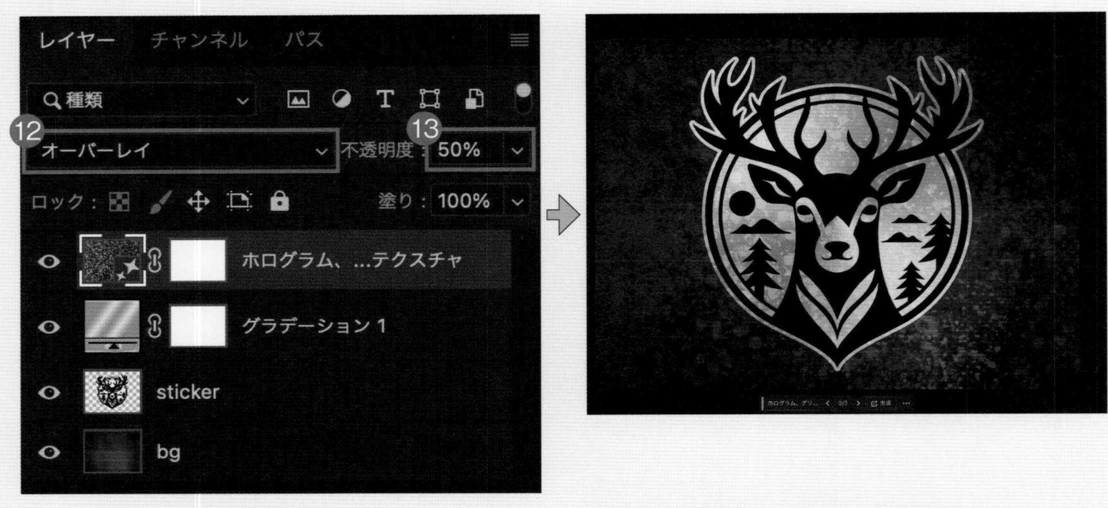

[レイヤー]パネルで生成レイヤーの描画モードを[オーバーレイ]に⑫、[不透明度:50%]にします⑬。

5 クリッピングマスクを適用

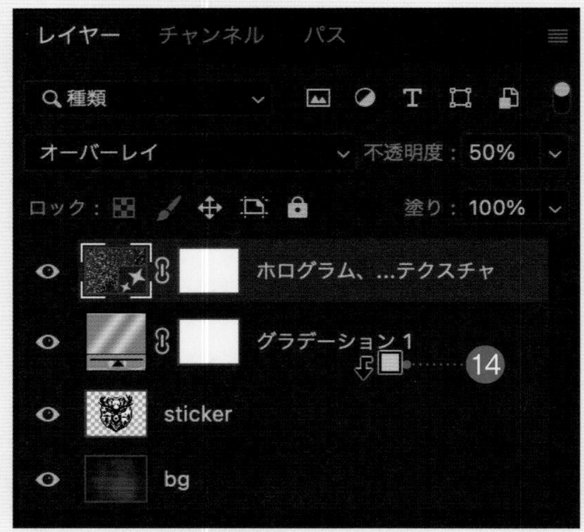

[レイヤー]パネルで[グラデーション]レイヤーと[sticker]レイヤーの間を option キー＋クリック（Windowsは Alt キー＋クリック）して⑭、クリッピングマスクします。続けて、[グラデーション]レイヤーと生成レイヤーの間を option キー＋クリック（Windowsは Alt キー＋クリック）して⑮、同様にクリッピングマスクします。

6 [sticker]レイヤーにドロップシャドウを適用

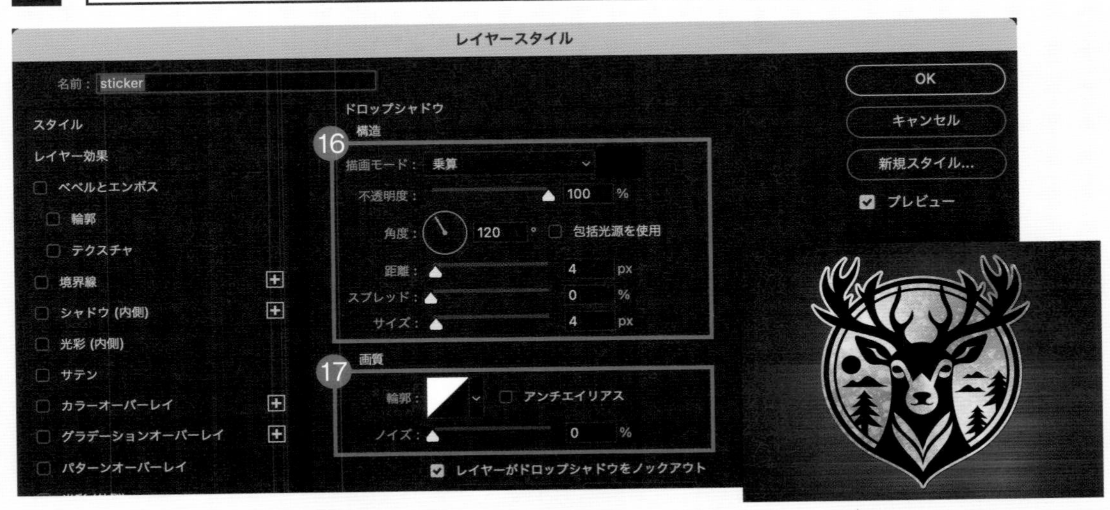

[レイヤー]パネルで[sticker]レイヤーを選択し、下部の[レイヤースタイルを追加]-[ドロップシャドウ]をクリックします。[描画モード:乗算][ドロップシャドウのカラー:#000000][不透明度:100%][角度:120°][距離:4px][スプレッド:0%][サイズ:4px]とし⑯、[輪郭:線形][ノイズ:0%]⑰とします。これで完成です。

Hint 生成するホログラムのスタイルを変えよう

この作例ではプロンプトを「ホログラム、グリッター、テクスチャ」としましたが、グリッターとはきらめき、輝きを指し、このワードを入れるとラメやスパンコール風のイメージが生成されます。ワードを変えるとまた違った画像が生成されるので用途によって使い分けましょう。

グリッター、テクスチャ

ホログラム、テクスチャ

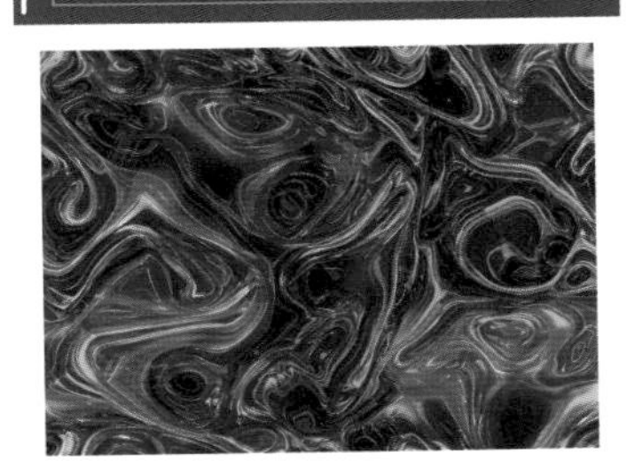

ホログラム、グラデーション、テクスチャ

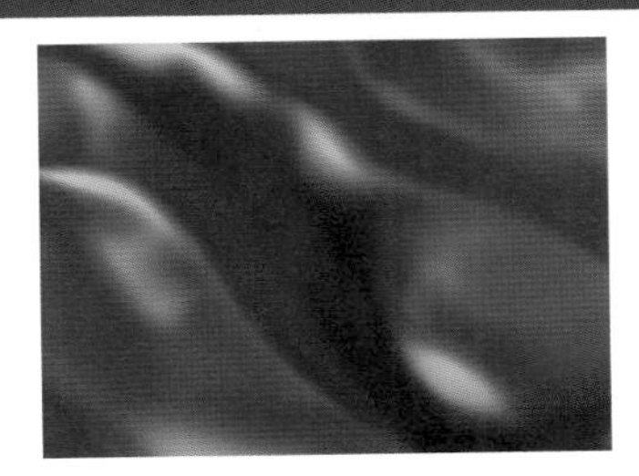

013

Photoshop

ヴィンテージ風の色褪せた懸賞金ポスター

操作動画

Photoshopで羊皮紙を生成して懸賞金ポスターを作成します。羊皮紙はヴィンテージ風の雰囲気を生み出すのに最適なモチーフの一つなのでグラフィックやゲームなど様々なシーンで利用されております。[色調補正]にプリセットされているソフトセピアを適用して人物の色合いを加工するのがこの作例のポイントです。

After

Before

Prompt

羊皮紙、テクスチャ

1 レイヤー全体を選択して羊皮紙の画像を生成

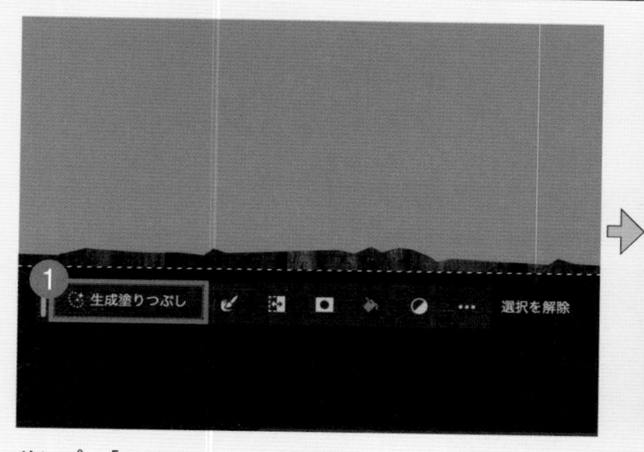

サンプル[013_base.psd]を開きます。[レイヤー]パネルで[temp_paper]レイヤーを選択します。[temp_paper]レイヤーは紙の形状をシェイプで作成したレイヤーです。メニューバーから[選択範囲]-[すべてを選択]をクリックします。コンテキストタスクバーの[生成塗りつぶし]をクリックし❶、プロンプトを「羊皮紙、テクスチャ」と入力して生成します❷。

2 クリッピングマスクしてレイヤースタイルを適用

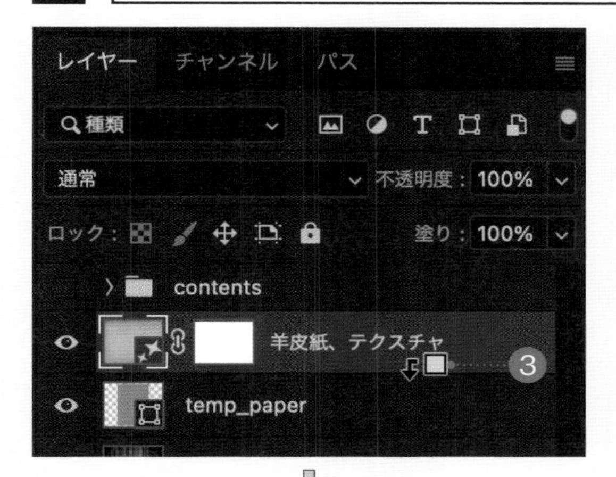

［レイヤー］パネルで［羊皮紙、テクスチャ］レイヤーと［temp_paper］レイヤーの間を option キー＋クリック（Windowsは Alt キー＋クリック）して❸、クリッピングマスクします。

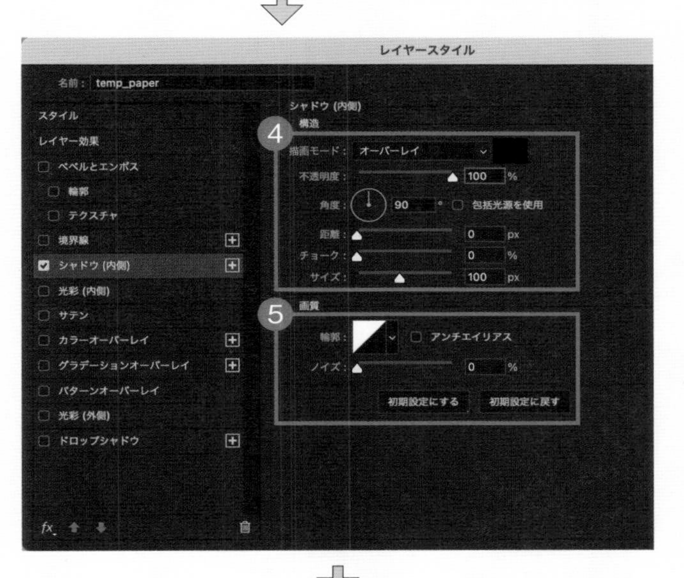

レイヤースタイルの［シャドウ］で境界付近を暗く、［ドロップシャドウ］で立体感を追加します。［temp_paper］レイヤーを選択し、下部の［レイヤースタイルを追加］-［シャドウ］をクリックします。［描画モード:オーバーレイ］［シャドウ（内側）のカラー:#000000］［不透明度:100%］、［角度:90°］、［距離:0px］［スプレッド:0%］［サイズ:100px］とし❹、［輪郭:線形］［ノイズ:0%］とします❺。

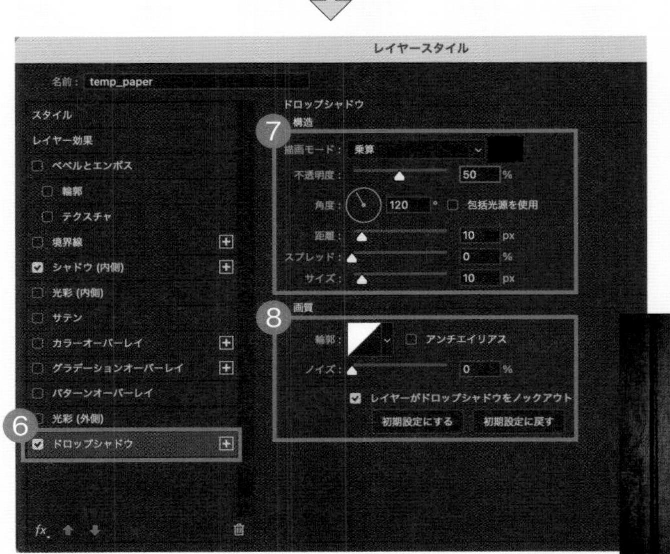

続いて、［レイヤースタイル］ダイアログのサイドから［ドロップシャドウ］を選択します❻。［描画モード:乗算］［ドロップシャドウのカラー:#000000］［不透明度:50%］［角度:120°］［距離:10px］［スプレッド:0%］［サイズ:10px］とし❼、［輪郭:線形］［ノイズ:0%］とします❽。

3 クリッピングマスクして[色調補正]を適用

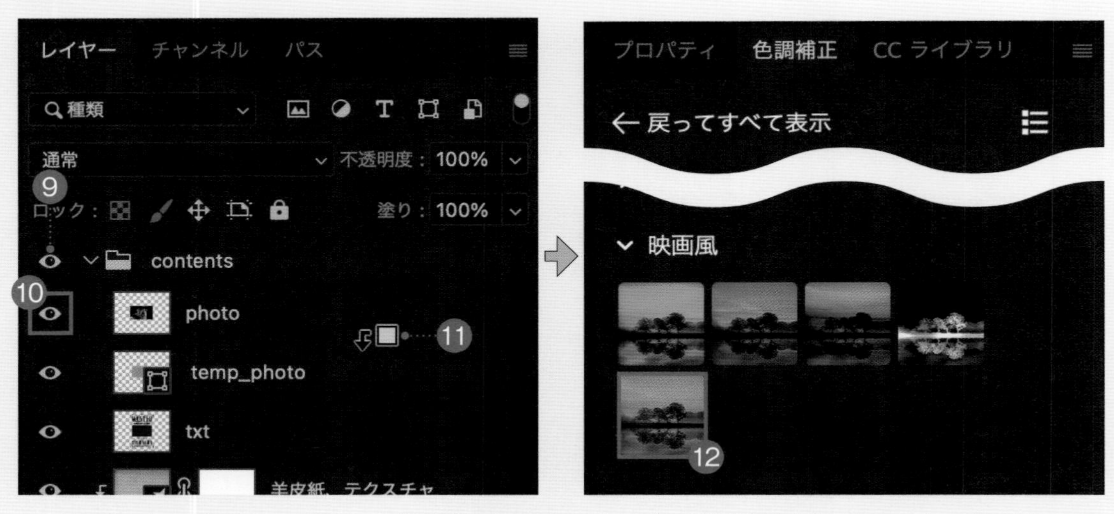

[レイヤー]パネルで[contents]グループを表示し❾、[photo]レイヤーを表示します❿。[photo]レイヤーと[temp_photo]レイヤーの間を option キー＋クリック（Windowsは Alt キー＋クリック）して⓫、クリッピングマスクします。続けて、[photo]レイヤーを選択し、[色調補正]パネルから[調整プリセット]-[その他]をクリックして、[映画風]の[ソフトセピア]を選択します⓬。

4 グループ化して描画モードを[通常]に変更

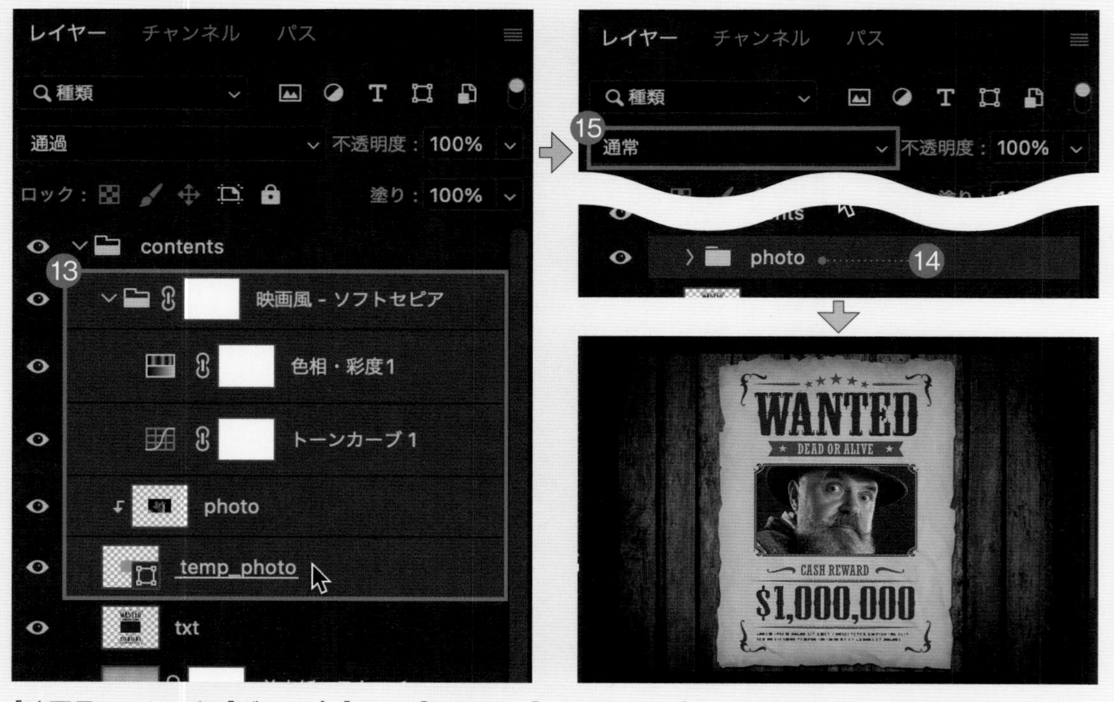

[映画風-ソフトセピア]グループ、[photo]レイヤー、[temp_photo]レイヤーを選択して⓭、command ＋ G キー（Windowsは Ctrl ＋ G キー）を押して、グループ化します。グループ名を[photo]にして⓮、描画モードを[通常]にします⓯。[通常]にすることで調整レイヤーをそのグループのみに適用できます。

5 描画モードを［乗算］にしてブレンド条件を設定

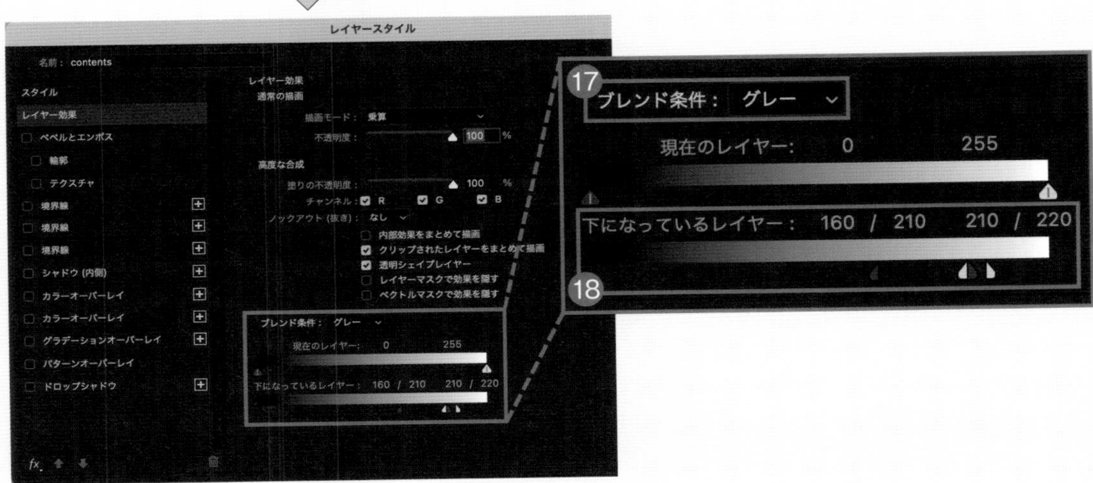

［レイヤー］パネルで［contents］グループを選択し、描画モードを［乗算］にします⑯。グループ名の右の余白をダブルクリックして［レイヤースタイル］ダイアログを開きましょう。［レイヤー効果］の［ブレンド条件:グレー］とし⑰、［下になっているレイヤー:160/210　210/220］とします⑱。スライダを分割する場合は option キー（Windowsは Alt キー）を押しながらドラッグします。なお、［下になっているレイヤー］の値は羊皮紙の色味によって適宜調整してください。これで完成です。

014

Photoshop

黒インクと水彩テクスチャで作る飛び散った絵の具と人物の合成

操作動画

Photoshopで飛散した黒インクと水彩テクスチャを生成して、絵の具が飛び散ったイラスト風に加工します。人物を[2階調化]とぼかし、トーンカーブを組み合わせてイラスト化します。白と黒で構成されたイラストの黒成分を取り出し、水彩テクスチャにマスクを掛けるのがこの作例のポイントです。

After

Before

Prompt

飛散した黒インク、白い背景

水彩、テクスチャ

1 [被写体を選択]して選択範囲からマスクを作成

サンプル[014_base.psd]を開きます。コンテキストタスクバーで[被写体を選択]をクリックし❶、続けて[選択範囲からマスクを作成]をクリックします❷。この加工では厳密な切り抜きは必要ないので、概ね切り抜きできていれば問題ありません。

2 ［2階調化］を適用してスマートオブジェクトに変換

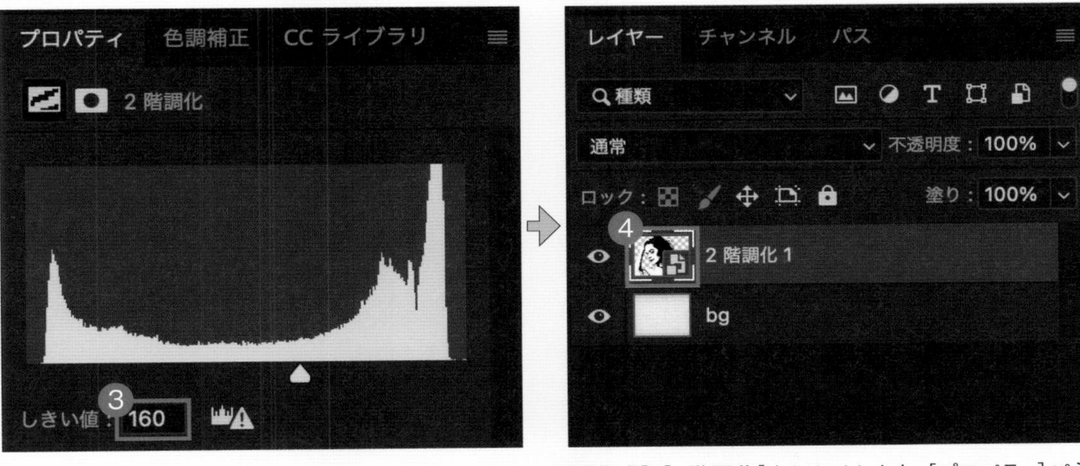

［レイヤー］パネル下部の［塗りつぶしまたは調整レイヤーを新規作成］-［2階調化］をクリックします。［プロパティ］パネルで［しきい値:160］にします❸。［レイヤー］パネルで［2階調化］［photo］の2つのレイヤーを選択して右クリックし、［スマートオブジェクトに変換］をクリックして、スマートオブジェクトに変換します❹。

3 ［ぼかし（ガウス）］を適用してトーンカーブで調整

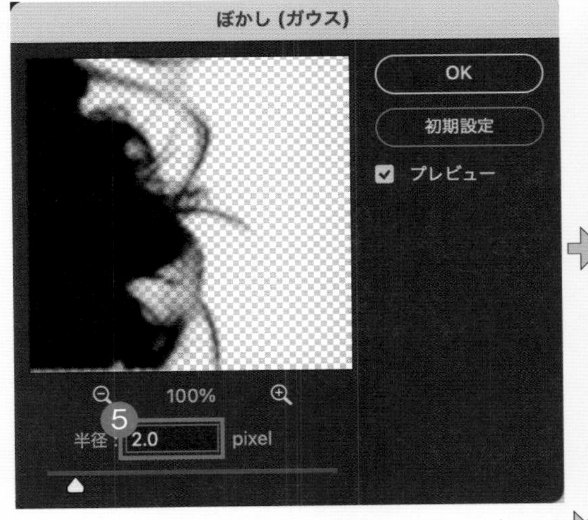

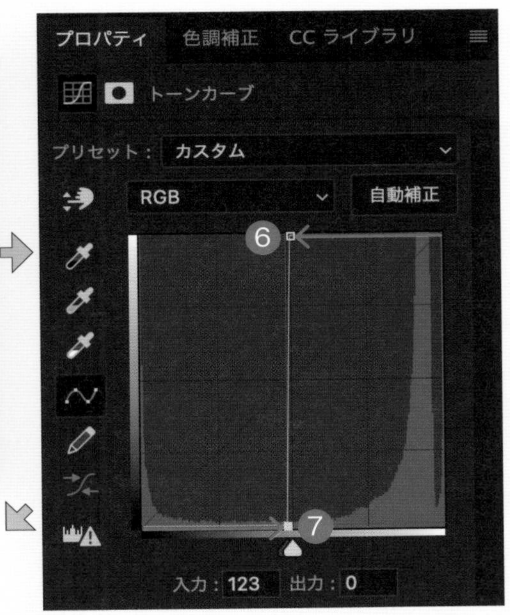

メニューバーから［フィルター］-［ぼかし］-［ぼかし（ガウス）］をクリックします。［ぼかし（ガウス）］ダイアログで［半径:2.0pixel］にします❺。［レイヤー］パネル下部の［塗りつぶしまたは調整レイヤーを新規作成］-［トーンカーブ］をクリックします。［プロパティ］パネルで白色点を左に移動し中央付近に❻、黒点を右に移動して中央付近にそれぞれ移動します❼。

4 レイヤー全体を選択して黒いインクの画像を生成

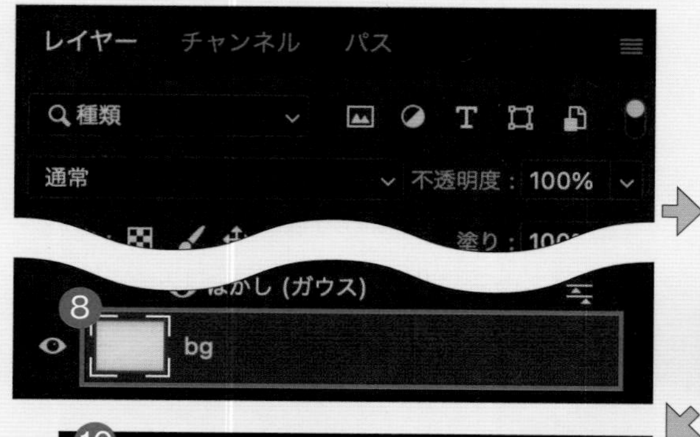

［レイヤー］パネルで［bg］レイヤーを選択します❽。メニューバーから［選択範囲］-［すべてを選択］をクリックします。コンテキストタスクバーの［生成塗りつぶし］をクリックして❾、プロンプトを「飛散した黒インク、白い背景」と入力し、［生成］をクリックします。画像が生成されたら❿、イメージに近い候補を選択しましょう。

5 レイヤー全体を選択して水彩のテクスチャを生成

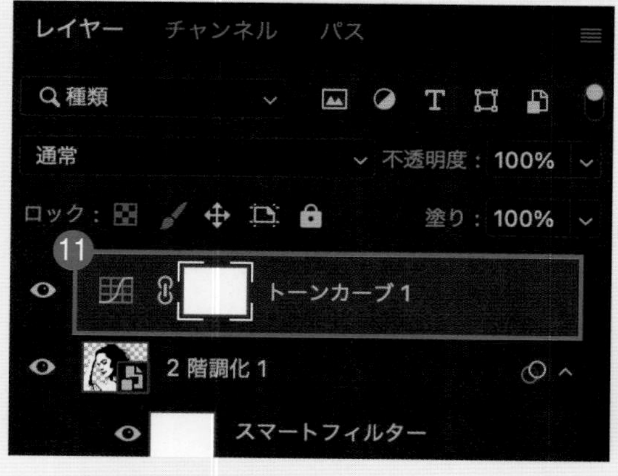

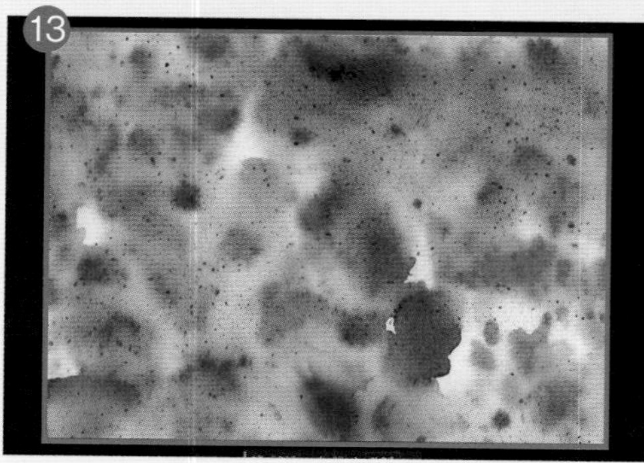

［レイヤー］パネルで［トーンカーブ］レイヤーを選択します⓫。メニューバーから［選択範囲］-［すべてを選択］をクリックします。コンテキストタスクバーの［生成塗りつぶし］をクリックして⓬、プロンプトを「水彩、テクスチャ」と入力し、［生成］をクリックします。画像が生成されたら⓭、［プロパティ］パネルでイメージに近い候補を選択しましょう。

6 [水彩、テクスチャ]レイヤーを一旦非表示にして選択範囲を作成

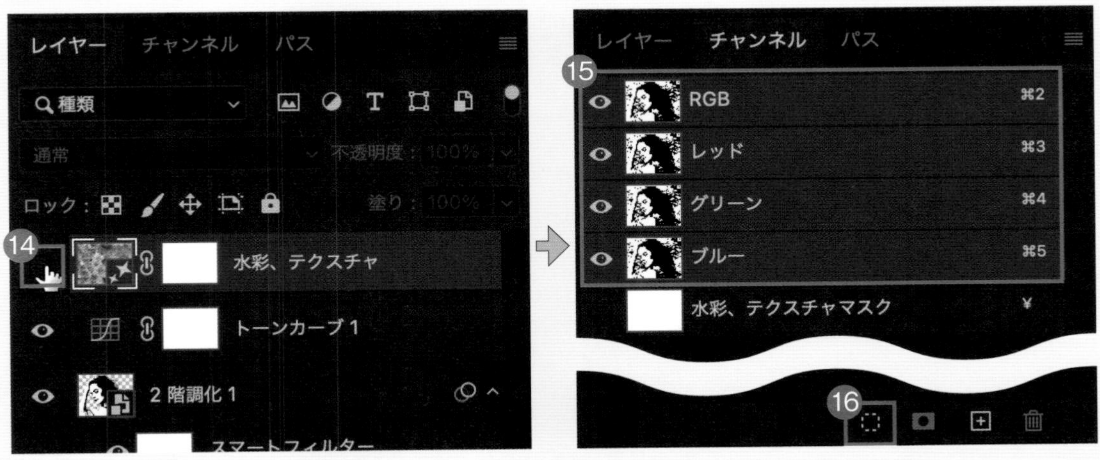

[レイヤー]パネルで[水彩、テクスチャ]レイヤーを一旦非表示にします⓮。[チャンネル]パネルで[RGB]を選択し⓯、下部の[チャンネルを選択範囲として読み込む]をクリックします⓰。

7 黒で塗りつぶして描画モードを[乗算]に変更

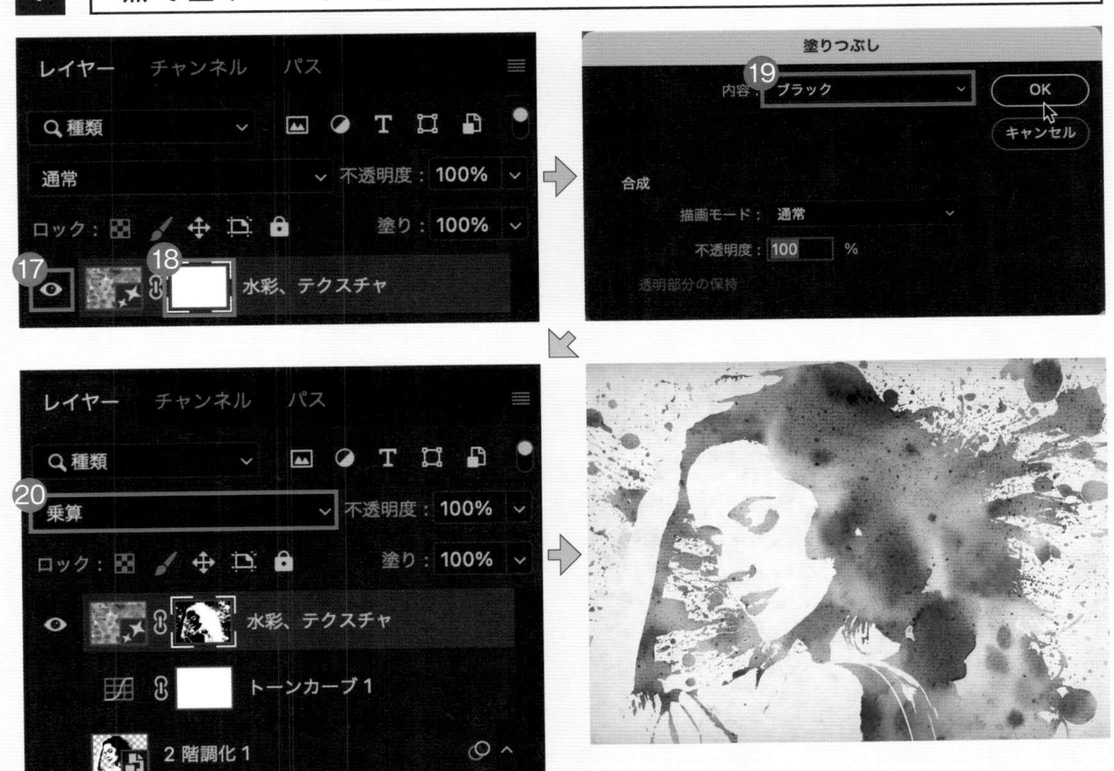

[レイヤー]パネルで[水彩、テクスチャ]レイヤーを表示にし⓱、レイヤーマスクサムネイルを選択します⓲。メニューバーから[編集]-[塗りつぶし]をクリックします。[内容:ブラック]にして⓳、マスクを黒で塗りつぶし、command+Dキー(WindowsはCtrl+Dキー)を押して選択を解除します。[レイヤー]パネルで[トーンカーブ][2階調化][飛散した黒インク、白い背景]の3つのレイヤーを非表示にし、[水彩、テクスチャ]レイヤーの描画モードを[乗算]にしたら⓴、完成です。

015 Photoshop

金箔を重ねて作るゴールドなテキスト

操作動画

Photoshopで金箔を生成して文字を金にします。グラデーションでは難しい色ムラのある金をテクスチャを活用して作成します。テクスチャを重ねた文字に対して［ベベルとエンボス］などのレイヤースタイルを適用することで、立体感を表現するのがこの作例のポイントです。

After

Before

Prompt

金箔

1 レイヤー全体を選択して金箔の画像を生成

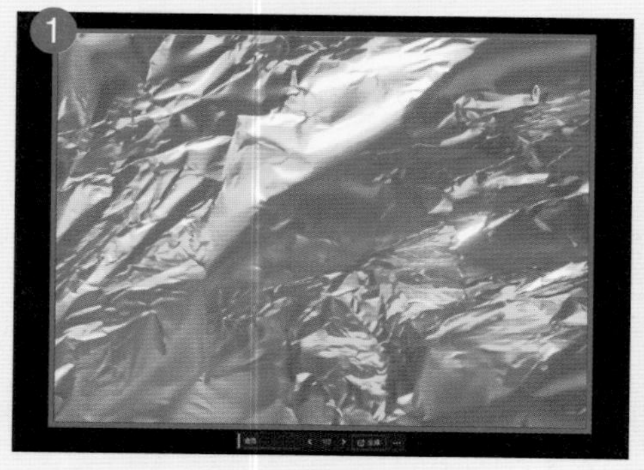

サンプル［015_base.psd］を開きます。メニューバーから［選択範囲］-［すべてを選択］をクリックします。コンテキストタスクバーの［生成塗りつぶし］をクリックして、プロンプトを「金箔」と入力し、［生成］をクリックします。画像が生成されたら❶、イメージに近い候補を選択しましょう。［金箔］レイヤーと［GOLD LEAF］レイヤーの間をoptionキー＋クリック（WindowsはAltキー＋クリック）して❷、クリッピングマスクします。

2 テキストレイヤーにレイヤースタイルを設定

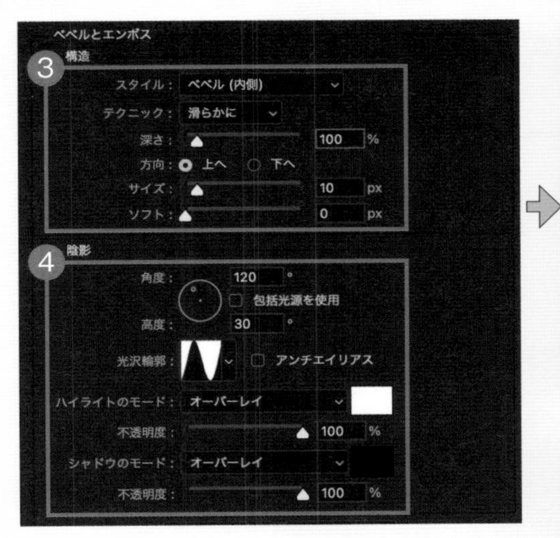

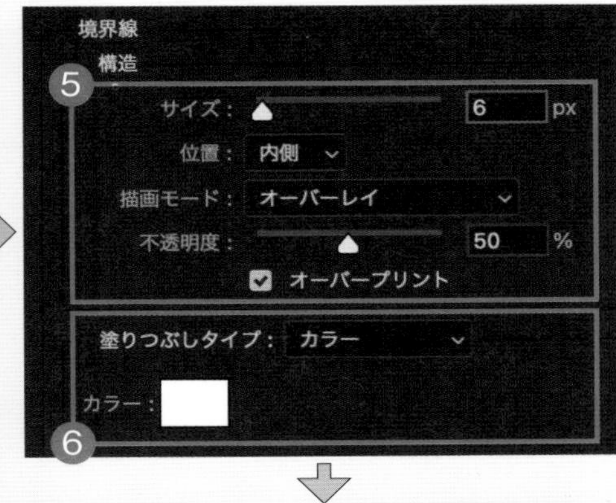

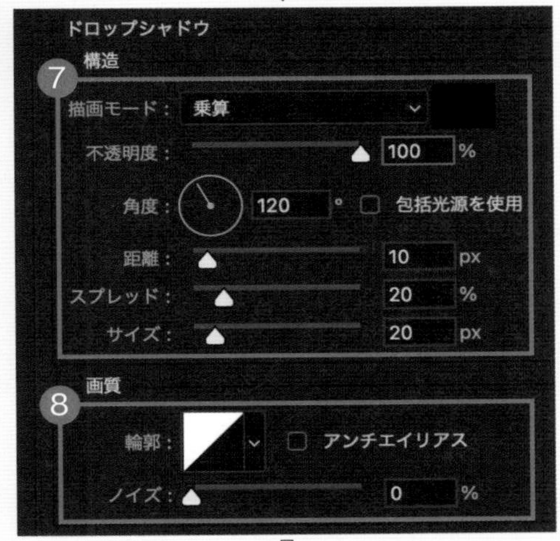

[レイヤー]パネルで[GOLD LEAF]レイヤーを選択し、下部の[レイヤースタイルを追加]-[ベベルとエンボス]をクリックします。[スタイル:ベベル(内側)][テクニック:滑らかに][深さ:100%][方向:上へ][サイズ:10px][ソフト:0px]とし❸、[角度:120°][高度:30°][光沢輪郭:リング][ハイライトのモード:オーバーレイ][ベベルとエンボスのハイライトのカラー:#ffffff][不透明度:100%][シャドウのモード:オーバーレイ][ベベルとエンボスのシャドウのカラー:#000000][不透明度:100%]とします❹。
続けて[レイヤースタイル]ダイアログのサイドから[境界線]を選択します。[サイズ:6px][位置:内側][描画モード:オーバーレイ][不透明度:50%][オーバープリント]にチェックを入れ❺、[カラー:#ffffff]とします❻。
次に[レイヤースタイル]ダイアログのサイドから[ドロップシャドウ]を選択します。[描画モード:乗算][シャドウのカラー:#000000][不透明度:100%][角度:120°][距離:10px][スプレッド:20%][サイズ:20px]とし❼、[輪郭:線形][ノイズ:0%]とします❽。

3 [ぼかし(移動)]フィルターを適用

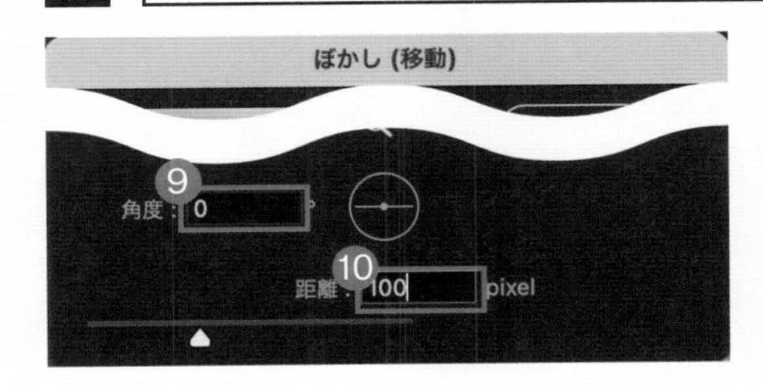

[レイヤー]パネルで[金箔]レイヤーを選択して、メニューバーから[ぼかし]-[ぼかし(移動)]をクリックします。[ぼかし(移動)]ダイアログで[角度:0°]❾、[移動:100pixel]とし❿、フィルターを適用します。ぼかすことで色ムラのある金にしていますが、ぼかしを入れなくてもこれはこれで質感のある金になっています。表現したいトーンに応じて使い分けましょう。これで完成です。

016 Photoshop

石とひび割れを生成して作る砕けたテキスト

操作動画

Photoshopで地面のひび割れを生成して亀裂の入った石で彫刻したような文字を作成します。生成したひび割れから黒成分を取り出し、光を追加することでリアリティを生み出します。地面とひび割れの2つのテクスチャを文字に適用して、文字に対してレイヤースタイルを追加して仕上げます。

Before

Prompt

ひび割れ、テクスチャ

1 レイヤー全体を選択してひび割れたテクスチャの画像を生成

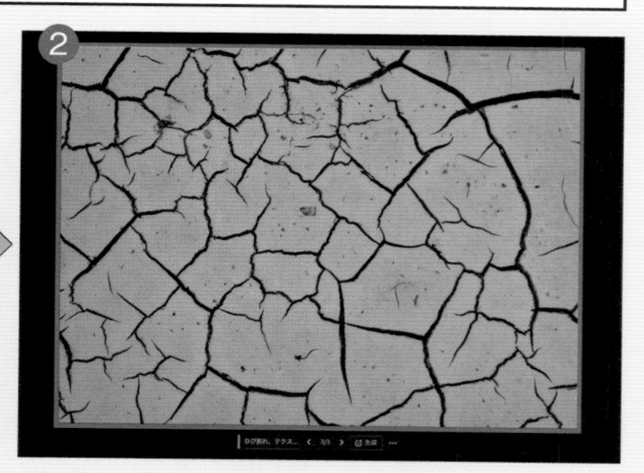

サンプル[016_base.psd]を開きます。メニューバーから[選択範囲]-[すべてを選択]をクリックします。コンテキストタスクバーの[生成塗りつぶし]をクリックして❶、プロンプトを「ひび割れ、テクスチャ」と入力し、[生成]をクリックします。画像が生成されたら❷、イメージに近い候補を選択しましょう。

2 ［2階調化］を適用して選択範囲を作成

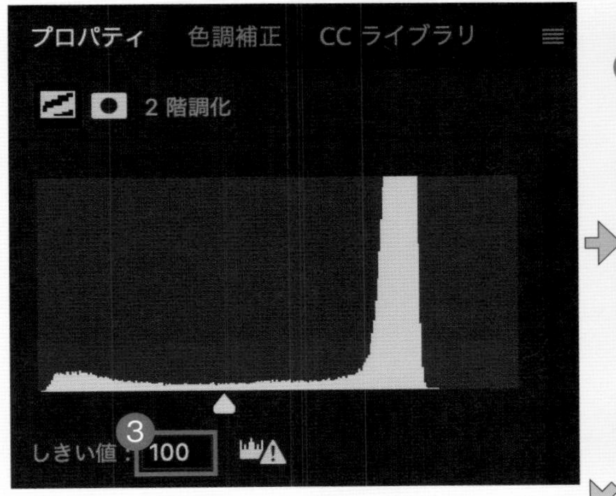

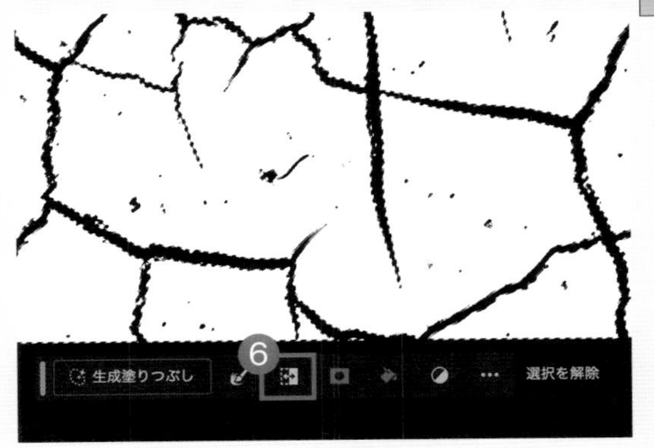

［レイヤー］パネル下部の［塗りつぶしまたは調整レイヤーを新規作成］から［2階調化］を選択、［プロパティ］パネルで［しきい値:100］にします❸。テクスチャ感を減らし、ひび割れが残るように調整しています。なお、しきい値の値は生成された画像によって変わるので、適宜調整してください。

続いて、［チャンネル］パネルで［RGB］を選択し❹、下部の［チャンネルを選択範囲として読み込む］をクリックし❺、コンテキストタスクバーで［選択範囲を反転］をクリックします❻。

3 グループ化してレイヤーマスクを追加

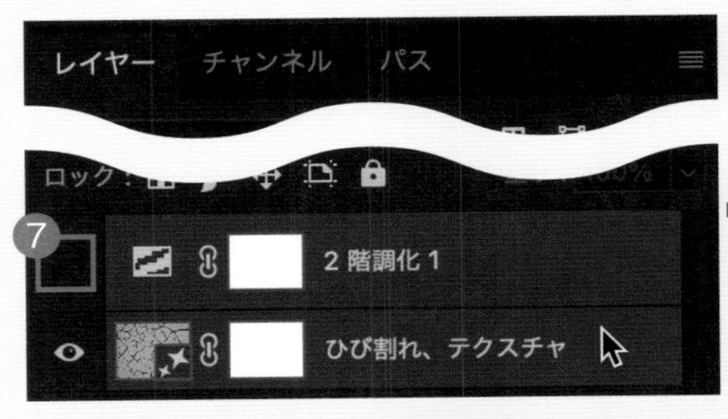

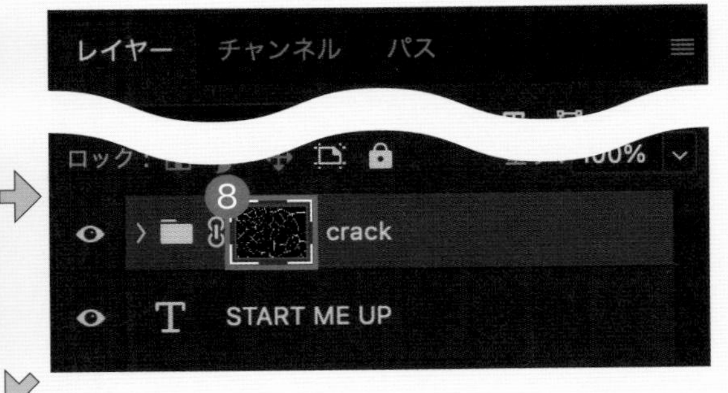

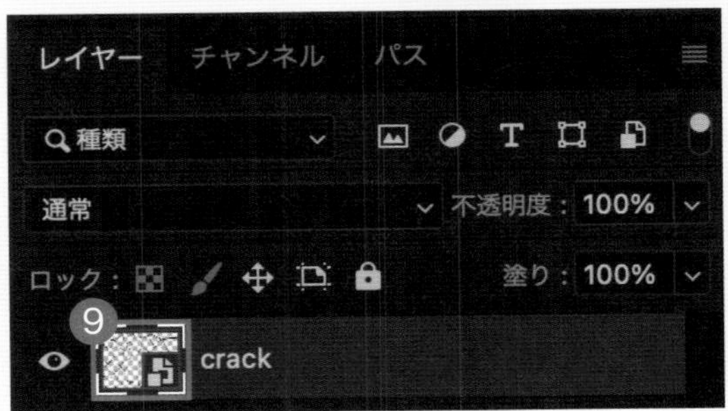

［レイヤー］パネルで［2階調化］レイヤーを非表示にします❼。［2階調化］レイヤーと［ひび割れ、テクスチャ］レイヤーを選択し、command＋Gキー（WindowsはCtrl＋Gキー）を押して、グループ化します。グループ名を［crack］として下部の［レイヤーマスクを追加］をクリックし、マスクを追加します❽。レイヤー名を右クリックして［スマートオブジェクトに変換］をクリックして、スマートオブジェクトに変換しましょう❾。

4 [crack]レイヤーにドロップシャドウを適用

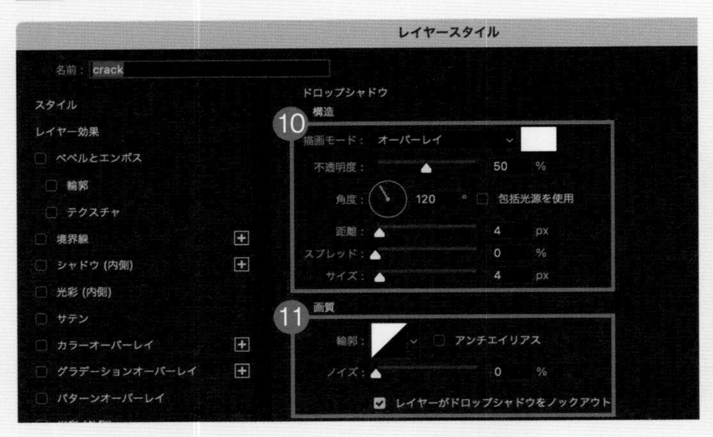

[crack]レイヤーを選択し、[レイヤー]パネル下部の[レイヤースタイルを追加]-[ドロップシャドウ]をクリックします。[描画モード:オーバーレイ][ドロップシャドウのカラー:#ffffff][不透明度:50%][角度:120°][距離:4px][スプレッド:0%][サイズ:4px]とし⑩、[輪郭:線形][ノイズ:0%]とします⑪。

5 レイヤーを複製してクリッピングマスクを適用

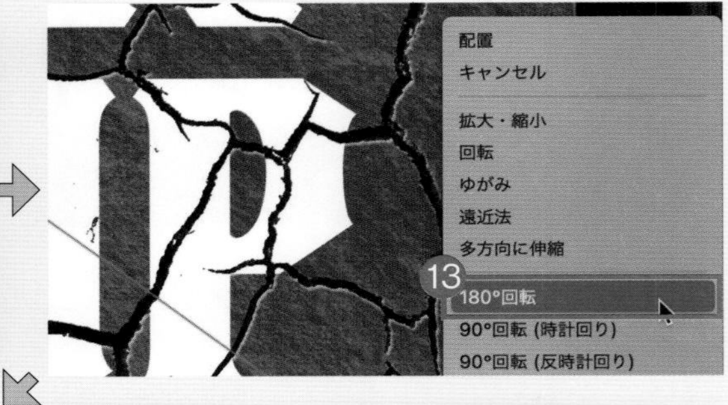

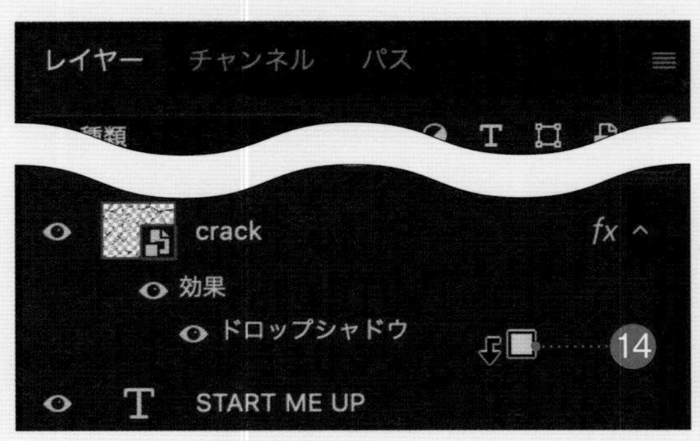

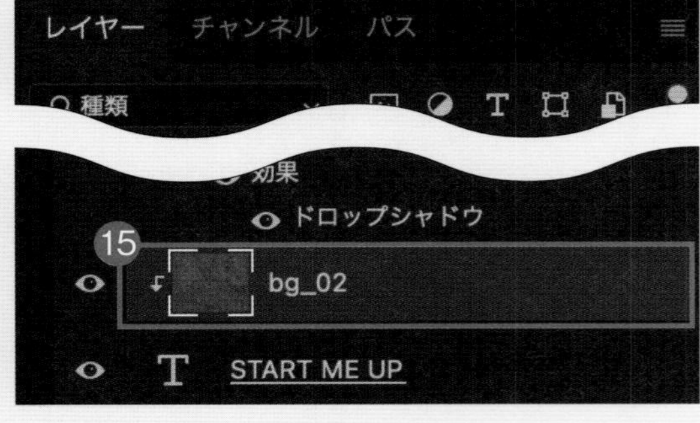

[crack]レイヤーを option キー（Windowsは Alt キー）を押しながらドラッグして複製し、[bg]レイヤーの上に配置します。レイヤー名を[crack_02]とします⑫。 command ＋ T キー（Windowsは Ctrl ＋ T キー）を押して自由変形にして、カンバス上で右クリックして[180°回転]をクリックします⑬。

[crack]レイヤーと[START ME UP]レイヤーの間を option キー＋クリック（Windowsは Alt キー＋クリック）して⑭、クリッピングマスクします。[bg]レイヤーを option キー（Windowsは Alt キー）を押しながらドラッグして複製し、[START ME UP]レイヤーの上に配置します。レイヤー名を[bg_02]にします⑮。クリッピングマスクされたレイヤー（[crack]レイヤー）の下に配置することで[bg_02]レイヤーもクリッピングされます。

6 [ベベルとエンボス]と[ドロップシャドウ]を適用

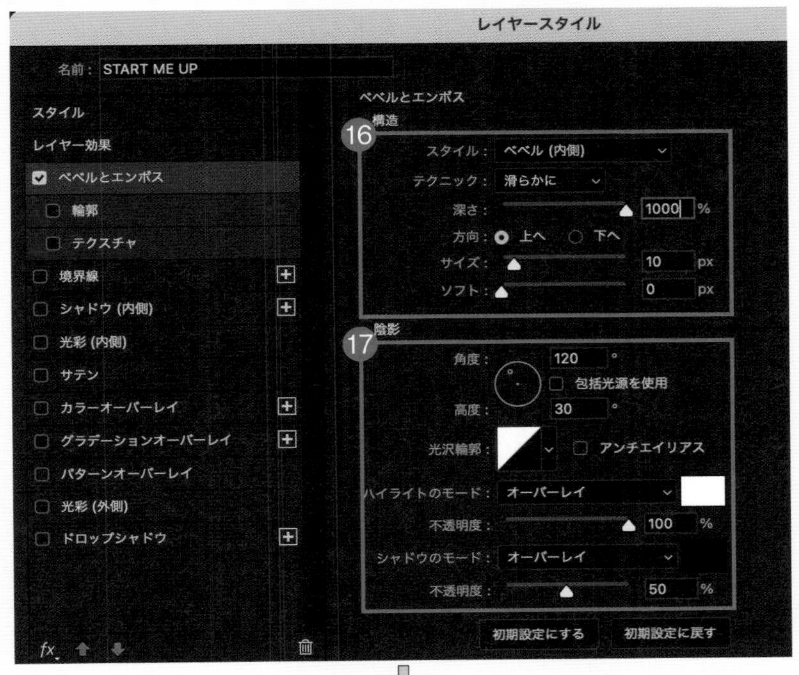

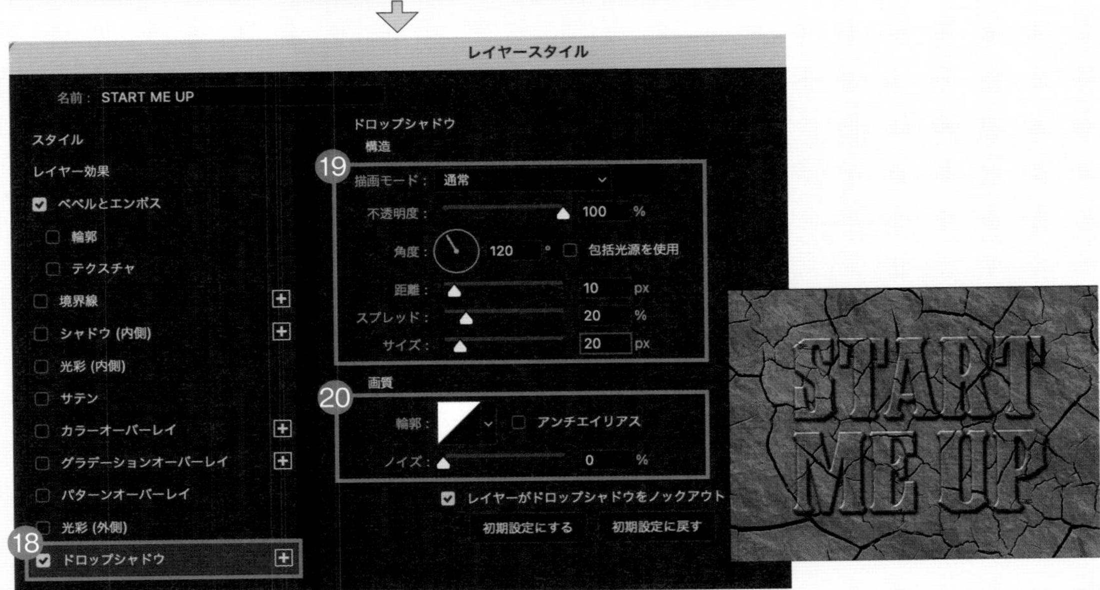

[レイヤー]パネルで[START ME UP]レイヤーを選択し、下部の[レイヤースタイルを追加]-[ベベルとエンボス]をクリックします。[スタイル:ベベル(内側)][テクニック:滑らかに][深さ:1000%][方向:上へ][サイズ:10px][ソフト:0px]とし⑯、[角度:120°][高度:30°][光沢輪郭:線形][ハイライトのモード:オーバーレイ][ベベルとエンボスのハイライトのカラー:#ffffff][不透明度:100%][シャドウのモード:オーバーレイ][ベベルとエンボスのシャドウのカラー:#000000][不透明度:50%]とします⑰。
続けて[レイヤースタイル]ダイアログのサイドから[ドロップシャドウ]を選択します⑱。[描画モード:通常][ドロップシャドウのカラー:#000000][不透明度:100%][角度:120°]、[距離:10px][スプレッド:20%][サイズ:20px]とし⑲、[輪郭:線形][ノイズ:0%]とします⑳。

7 [crack_02]レイヤーにレベル補正を適用

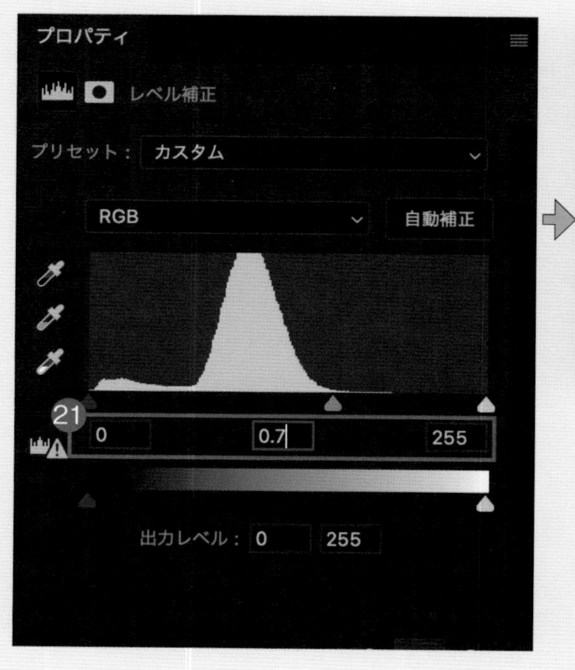

[レイヤー]パネルで[crack_02]レイヤーを選択します。下部の[塗りつぶしまたは調整レイヤーを新規作成]-[レベル補正]をクリックします。[シャドウ:0][中間調:0.7][ハイライト:255]とします㉑。背景とテキストに同じテクスチャを使用しているので明度差を付けて文字を見やすくする目的で適用しています。

8 白黒のグラデーションを適用

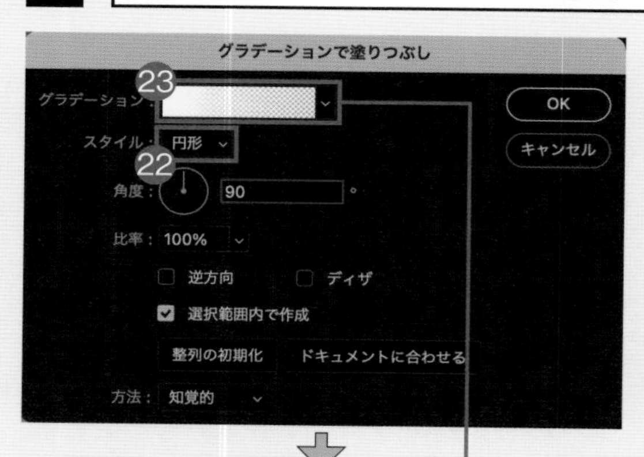

ビネット効果を付ける目的でグラデーションを適用します。[レイヤー]パネルで[crack]レイヤーを選択し、下部の[塗りつぶしまたは調整レイヤーを新規作成]-[グラデーション]をクリックします。[グラデーションで塗りつぶし]ダイアログで[スタイル:円形]とし㉒、グラデーションバーをクリックします㉓。[グラデーションエディター]ダイアログで、㉔の分岐点は[カラー:#ffffff][不透明度:100%][位置:50]、㉕の分岐点は[カラー:#000000][不透明度:100%][位置:100]とします。

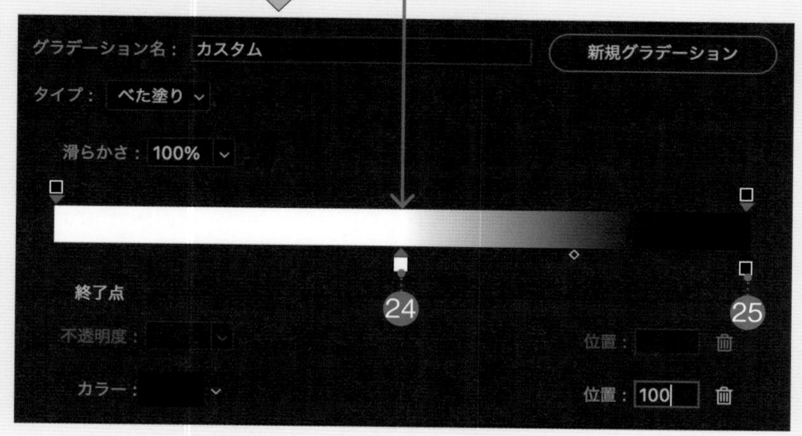

9 描画モードを[オーバーレイ]にし不透明度を調整

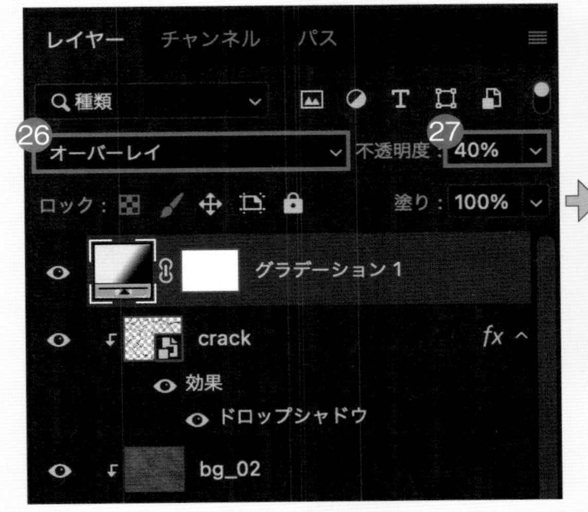

[レイヤー]パネルで[グラデーション]レイヤーの描画モードを[オーバーレイ]㉖、[不透明度:40%]にしたら㉗、完成です。

Hint テクスチャの生成によって素材探しが時短に！

72ページの「ヴィンテージ風の色褪せた懸賞金ポスター」の背景の木のテクスチャ、この作例の背景の岩のテクスチャはそれぞれPhotoshopで生成したものです。テクスチャはモックアップや質感など幅広い用途で使用可能です。今まで素材サイトで探していたテクスチャを生成できるようになったことは大幅な時短につながっています。テクスチャの一覧を179ページの付録にまとめているのでご参照ください。

古い板、暗い茶色、テクスチャ

岩肌、テクスチャ

Column

よく使う描画モードを覚えて、扱いやすい素材を生成しよう

本章では工程中に描画モードを使用している作例がいくつかあります。描画モードとは色や画像をどのように組み合わせるかを指定する方法を指します。描画モードは複数あり、それぞれ制作シーンに応じて様々な使い方がありますが、はじめに覚えておくと便利な描画モードが「スクリーン」「乗算」「オーバーレイ」の3つです。

❶スクリーン……重ねた箇所が明るくなります。黒が消えるのでプロンプトに「黒い背景」と指定することで光の素材を扱いやすくしています。

■ライトリーク風の素材を生成し写真をヴィンテージ風に（38ページ）

❷乗算……重ねた箇所が暗くなります。白が消えるのでプロンプトに「白い背景」と指定することで影の素材を扱いやすくしています。

■影を生成して写真をより魅力的に（42ページ）

❸オーバーレイ……明るい箇所がより明るく、暗い箇所がより暗くなるためコントラストが上がります。

■白黒のイラストを使ってホログラムステッカーを作成（68ページ）

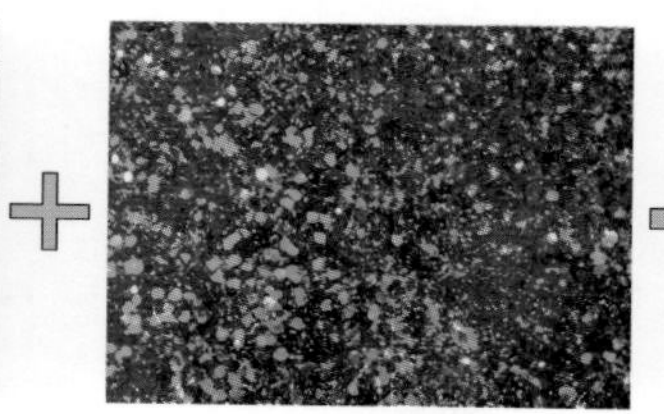

実際の工程ではこのあと不透明度やマスクを使った調整を行います。描画モードの変更で効果が強すぎると感じた場合は不透明度で、範囲を指定する場合はマスクを掛けて調整しましょう。

Chapter

3

超お手軽に大変身！写真の見た目をガラッと変える

この章では生成拡張やオブジェクトの除去などの
基本的な使い方と応用で写真を加工します。
実務に直結する使い方も多いので生成AIの特性を
作例を通して学んでいきましょう。

017

Photoshop

服装を指定して被写体の衣服を自然に変える

操作動画

Photoshopの生成塗りつぶしで人物の服装を自然に変えます。資料づくりの段階での服装のバリエーションの検討に役立ちます。注意点として骨格が変わってしまう場合もあるので、アートワークとして世に出す場合は加工に問題がないか確認した上で行いましょう。

After

Before

Prompt

デニムジャケット

1 革ジャケットの部分に選択範囲を作成

革ジャケットをドラッグして選択範囲を作成

サンプル[017_base.psd]を開き、[クイック選択ツール]を選択します❶。革ジャケットをドラッグして❷、選択範囲を作成します❸。

2 選択範囲を拡張してデニムジャケットを生成

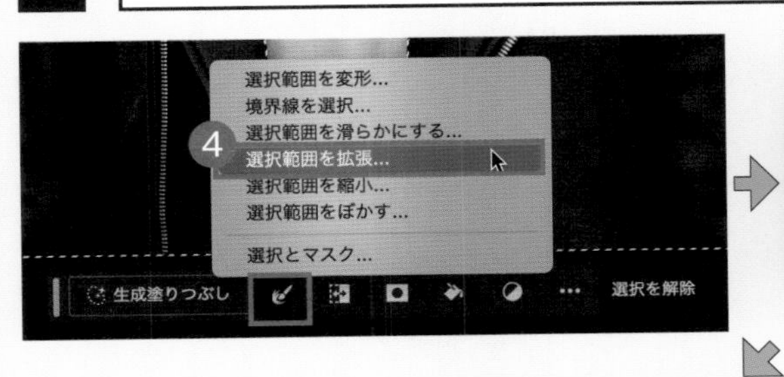

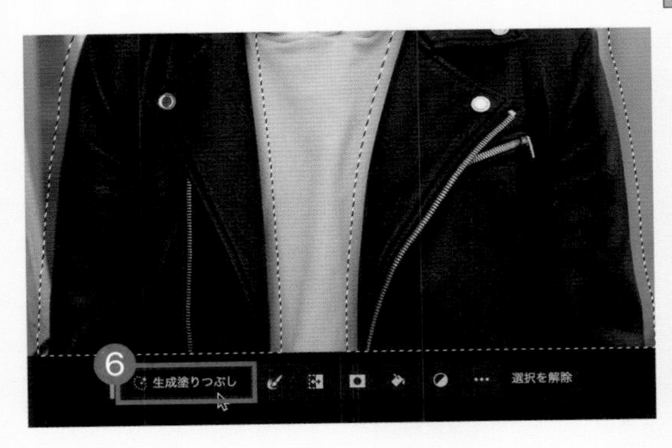

背景となじませる領域を作るため選択範囲を拡張します。コンテキストタスクバーから［選択範囲を修正］-［選択範囲を拡張］をクリックし❹［選択範囲を拡張］ダイアログを表示します。［拡張量:20pixel］とし❺、作成した選択範囲を拡張しましょう。コンテキストタスクバーの［生成塗りつぶし］をクリックして❻、プロンプトを「デニムジャケット」と入力し、［生成］をクリックします。デニムジャケットの画像が生成されたら［プロパティ］パネルでイメージに近い候補を選択しましょう。これで完成です。

Hint

▼サンプル：017_hint.psd

［生成塗りつぶし］で要素の追加も簡単！

この作例では生成塗りつぶしで革のジャケットをデニムジャケットに変更しました。生成塗りつぶしは要素の置換だけではなく要素の追加にも役立ちます。要素の追加のアイデアとしてワンちゃんに赤いニット帽を被せる作例を見ていきましょう。

赤いニット帽

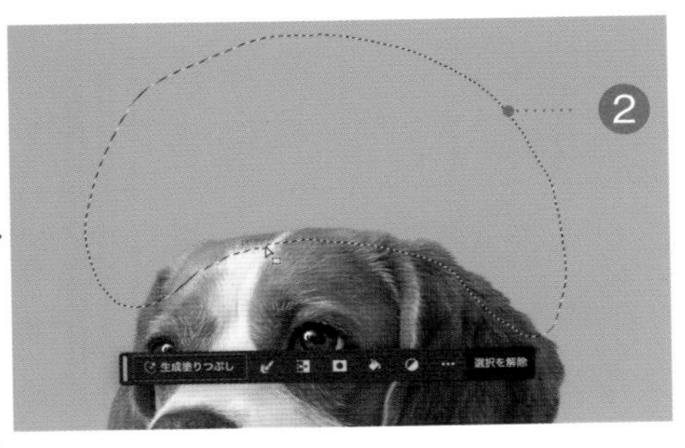

［017_hint.psd］を開き❶、［なげなわツール］で要素を追加したい部分をドラッグして選択範囲を作成します❷。プロンプトを「赤いニット帽」と入力して生成したら完成です。

018

Photoshop

スタジオ撮影のポートレートに街の背景を追加

操作動画

Photoshopでスタジオ撮影の写真に街の背景を生成します。人物や商品の魅力を伝えるためスタジオで撮影した写真に合成を行うといったシーンで役立ちます。「浅い被写界深度」という合成用のワードで生成する背景をぼかし、人物に焦点をあてるようなキーワードをプロンプトに入れるのがこの作例のポイントです。

After

Before

Prompt

ショッピングストリート、晴れ、浅い被写界深度

1 ［被写体を選択］で作成した選択範囲を反転

サンプル［018_base.psd］を開き、コンテキストタスクバーで［被写体を選択］をクリックして❶、人物に選択範囲を作成します❷。選択範囲がイメージ通りに作成できていない場合はコンテキストタスクバーから［選択範囲を修正］-［選択とマスク］をクリックして調整しましょう。続いて、コンテキストタスクバーから［選択範囲を反転］をクリックします❸。

2 ショッピングストリートの画像を生成

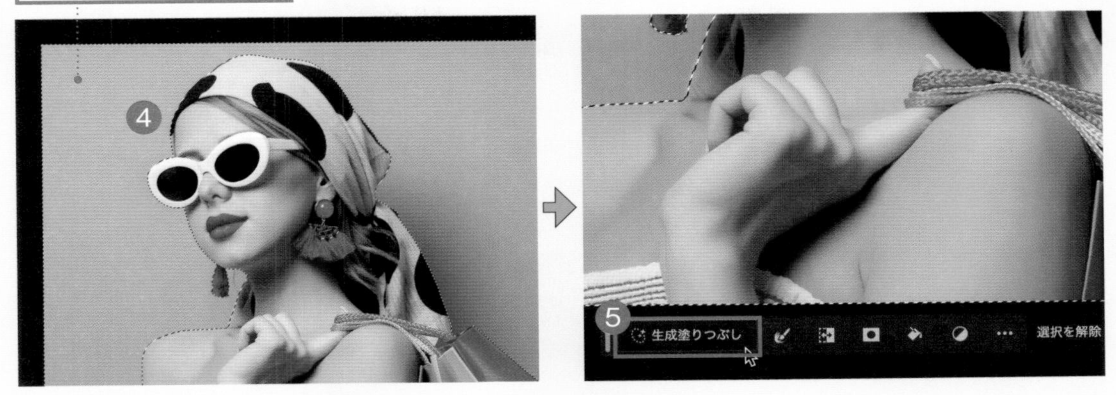

背景に選択範囲が作成できたら❹、コンテキストタスクバーの[生成塗りつぶし]をクリックして❺、プロンプトを「ショッピングストリート、晴れ、浅い被写界深度」と入力し、[生成]をクリックします。人物の背景に画像が生成されたら[プロパティ]パネルでイメージに近い候補を選択しましょう。これで完成です。なお、「被写界深度」とはピントが合っているように見える範囲のことです。「浅い被写界深度」は被写体に焦点をあてて背景をぼかしたいときに指定します。

Hint

▼サンプル：018_hint.psd

背景を生成して料理をより魅力的に

この作例では人物のスタジオ撮影の写真に街の背景を生成しました。このテクニックは商品や料理を魅力的に見せるためのモックアップにも役立ちます。別のアイデアとしてピザのモックアップの作例を見ていきましょう。

古い木のテーブル、バジルの葉、ミニトマト、マッシュルーム、じゃがいも

[018_hint.psd]を開いたら、[オブジェクト選択ツール]でオブジェクト(中央のピザ)をクリックした後、コンテキストタスクバーから[選択範囲を反転]をクリックします。背景に選択範囲が作成できたら、プロンプトを「古い木のテーブル、バジルの葉、ミニトマト、マッシュルーム、じゃがいも」と入力して、画像を生成したら完成です。

019

Photoshop

湯気を追加してよりリアルに見せる

操作動画

Photoshopで湯気を生成して「ホットコーヒーの熱さ」というシズル感を受け手に伝えます。シズル感は料理や商品などの温度や鮮度、みずみずしさなどを伝えることで魅力を引き立たせることを目的としています。オブジェクトの追加は画像の背景となじませる領域が発生するため選択範囲を少し大きめに取るのがポイントです。

After

Before

Prompt

湯気

1 湯気を生成する部分に[なげなわツール]で選択範囲を作成

マウスをドラッグして円形の選択範囲を作成

サンプル[019_base.psd]を開き、[なげなわツール]を選択します❶。湯気を追加したい部分をドラッグして選択範囲を作成しましょう❷。画像内にオブジェクトを追加／置換する場合は、既存の画像の背景となじませる領域が発生します。選択範囲よりも小さくオブジェクト(今回は湯気)が生成されるので、選択範囲は気持ち大きく取りましょう。

2 選択範囲に湯気を生成

選択範囲が作成できたらコンテキストタスクバーの[生成塗りつぶし]をクリックして❸、プロンプトを「湯気」と入力し、[生成]をクリックします。湯気の画像が生成されたら[プロパティ]パネルでイメージに近い候補を選択しましょう。これで完成です。

Hint

▼サンプル:019_hint.psd

煙や火花、炎など様々なシーンで応用できる!

この作例ではコーヒーの写真に湯気を追加しました。このテクニックは特に料理の写真に使われるいわゆる「シズル感」以外にも煙・火花など様々なシーンで応用できます。別のアイデアとしてロウソクに炎を灯す作例を見ていきましょう。

炎

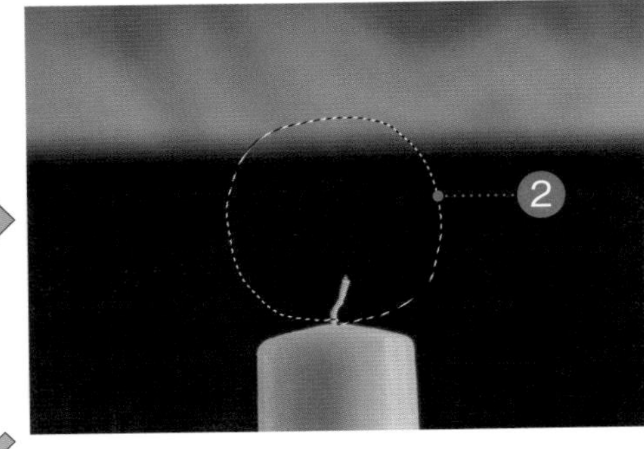

[019_hint.psd]を開き❶、[なげなわツール]で炎を追加する部分に選択範囲を作成します❷。プロンプトを「炎」と入力して生成したら、完成です。

020 Photoshop

ブラシを使って食べ物に好きなイラストを生成

操作動画

Photoshopでオムレツにケチャップを生成します。ブラシで描いた絵をもとに選択範囲を作って生成することで、まるでケチャップで絵を描いたように加工します。画像の背景となじませる領域が発生するため、ブラシサイズを少し大きめに設定するのがこの作例のポイントです。

After

Before

Prompt

赤いケチャップ

1 新規レイヤーに生成したい形をブラシで描画

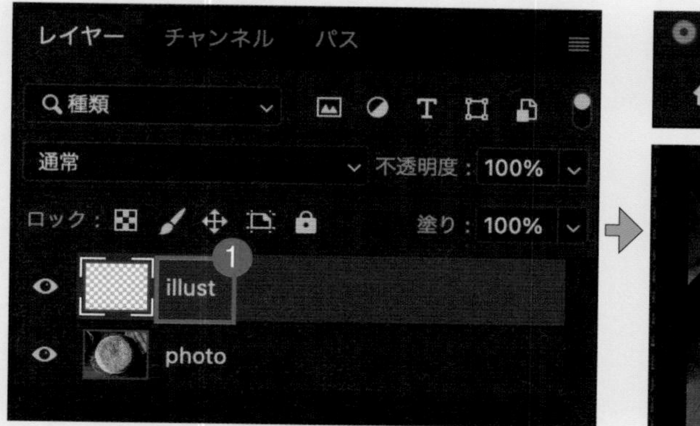

[020_base.psd]を開き[レイヤー]パネル下部の[新規レイヤーを作成]をクリックして、レイヤー名を[illust]とします❶。[ブラシツール]を選択して[ブラシプリセットピッカー]で[ハード円ブラシ]を選択、[直径:120px]とします❷。背景となじませる領域を考慮してブラシは気持ち太めに設定します。ブラシで[illust]レイヤーにイラストを描きます❸。

2 選択範囲を作成してケチャップを生成

[レイヤー]パネルで[illust]レイヤーのレイヤーサムネイルを command キー+クリック（Windowsは Ctrl キー+クリック）して❹選択範囲を作成します。[illust]レイヤーは非表示にします。コンテキストタスクバーの[生成塗りつぶし]をクリックして❺、プロンプトを「赤いケチャップ」と入力します。ケチャップが生成されたら、[プロパティ]パネルでイメージに近い候補を選択しましょう。これで完成です。

Hint

▼サンプル：020_hint.psd

食べ物と調味料の組み合わせで様々役立つ！

この作例ではケチャップを生成してオムレツに絵を描きました。このテクニックは他の食べ物と調味料の組み合わせでも役立つ場合があります。別のアイデアとしてとんかつにソースを掛ける作例を見ていきましょう。

とんかつソース、茶色

[020_hint.psd]を開き❶、新規レイヤーに[ハード円ブラシ]で描画します❷。[レイヤー]パネルでブラシで描画したレイヤーのレイヤーサムネイルを command キー+クリック（Windowsは Ctrl キー+クリック）して選択範囲を作成します。プロンプトを「とんかつソース、茶色」と入力して生成したら完成です。

021

Photoshop

超速！ トリミングされた人物を補完する

操作動画

Photoshopでトリミングされた人物の頭と肩を生成拡張で補います。写真を使用する際、レイアウトの都合やコピースペースを設けたい場合など、あと少し人物の位置をずらしたいといったシーンで役立ちます。この作例に限らず、人物の取り扱いは制約があることも多いので細心の注意を払って加工しましょう。

After

Before

Prompt

プロンプトなし

1 カンバスを左右に拡張して画像を生成

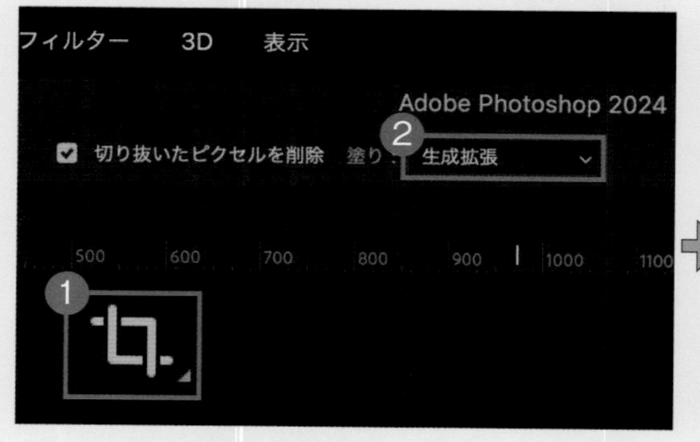

サンプル[021_base.psd]を開きます。[切り抜きツール]を選択して❶、オプションバーで[塗り:生成拡張]を選択します❷。右端のハンドルを option キー（Windowsは Alt キー）を押しながら右にドラッグして、カンバスを左右に拡張します❸。コンテキストタスクバーのプロンプトの入力欄には何も入力しないまま、[生成]をクリックします。画像が生成されたら、[プロパティ]パネルでイメージに近い候補を選択しましょう。

2 カンバスを上に拡張して画像を生成

画像の左右が補完された

[切り抜きツール]を再度選択し、上端のハンドルを上にドラッグして❹、拡張します❺。同様に、コンテキストタスクバーのプロンプトの入力欄は空のまま[生成]をクリックします。[プロパティ]パネルでイメージに近い候補を選択したら完成です。生成拡張は、左右と上を1回で補完することも可能です。ただし、左右と上を同時に拡張した場合、例えば頭は1番目の画像が、腕は2番目の画像が良いときには、マスク処理などの調整が必要です。ここでは[プロパティ]パネルでの身体のパーツの選択をそれぞれ行うために、個別に拡張しています。

Hint

▼サンプル：021_hint.psd

[生成拡張]で風景も自然に補完できる

この作例ではトリミングされた人物の補完を行いましたが、生成拡張は風景にも適用できます。今までこのような補完を行う場合、写真内の風景をコピーするか別の写真を合成するなどの職人技のような技術が必要でしたが、生成拡張の登場で誰でも簡単に短時間で行えるようになりました。

[021_hint.psd]を開き❶、オプションバーで[塗り:生成拡張]を選択した状態で、[切り抜きツール]でカンバスを左右に拡張します❷。コンテキストタスクバーのプロンプトの入力欄には何も入力しないまま、[生成]をクリックすると、拡張した範囲に画像が生成され、自然に補完されます❸。

022

Photoshop

写真内にある 不要なオブジェクトを除去する

操作動画

Photoshopでウェディングフォトからカメラマンを取り除きます。今までこのような不要箇所を除去・補完する機能として[コンテンツに応じた塗りつぶし]や[削除ツール]などがありました。これらの機能と比較すると生成AIを使ったオブジェクトの除去は非常に高い精度で補正できます。

After

Before

Prompt

プロンプトなし

1 除去したいオブジェクトを[オブジェクト選択ツール]で選択

サンプル[022_base.psd]を開きます。[オブジェクト選択ツール]を選択して❶、除去したいオブジェクト(ここでは左側のカメラマン)をクリックします❷。一度にオブジェクトを選択しきれない場合、shift キーを押しながらクリックすることで選択範囲の追加が可能です。ここでは、構えているカメラ❸と、右下のかばん❹を追加で選択しました。なお、除去したいオブジェクトの選択範囲を作成できれば良いので[なげなわツール]などで囲んでも構いません。

2 選択範囲を拡張して生成塗りつぶしでオブジェクトを除去

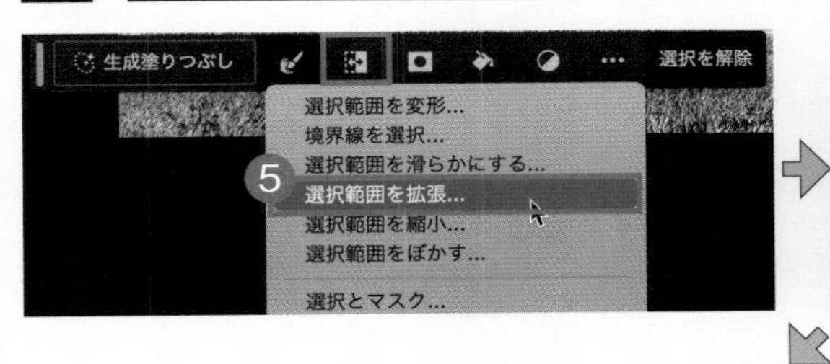

コンテキストタスクバーで[選択範囲を修正]-[選択範囲を拡張]をクリックし❺、[選択範囲を拡張]ダイアログを表示します。オブジェクトの境界や髪の毛など選択しきれていない箇所をなくすために、[拡張量:20pixel]とし❻、選択範囲を拡張しましょう❼。コンテキストタスクバーの[生成塗りつぶし]をクリックして❽、プロンプトの入力欄には何も入力しないまま、[生成]をクリックします。[プロパティ]パネルでイメージに近い候補を選択したら完成です。

Hint

既存の機能と使い分けるとより効率的！

生成AIを使ったオブジェクトの除去は非常に高い精度で補正が可能ですが、生成に時間が掛かります。このため、例えば空を飛んでいる鳥を除去するといった背景がシンプルで孤立したオブジェクトを補正するような場合は[コンテンツに応じた塗りつぶし]や[削除ツール]などを使ったほうが早く調整できます。利用シーンに応じて機能を使い分けましょう。

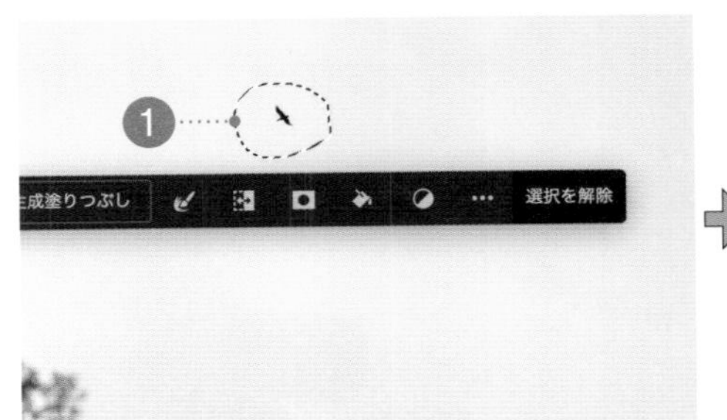

[コンテンツに応じた塗りつぶし]を使う場合は、除去したいオブジェクトに選択範囲を作成します❶。メニューバーから[編集]-[塗りつぶし]をクリックして、[塗りつぶし]ダイアログを表示します。[内容:コンテンツに応じる]を選択して❷、[OK]をクリックします。

023 Photoshop

複雑なレタッチも簡単！重なったオブジェクトを除去する

操作動画

Photoshopで奥のシマウマを取り除きます。サバンナの写真に限らず、ポートレートから雑踏の人々を消すなど被写体を際立たせたいときによく行う補正です。このような交差した被写体の補正は今までの機能だと時間が掛かりましたが、生成AIを使うことで簡単かつ自然に行えるようになりました。

After

Before

Prompt

プロンプトなし

1 ［なげなわツール］で除去したいオブジェクトを囲む

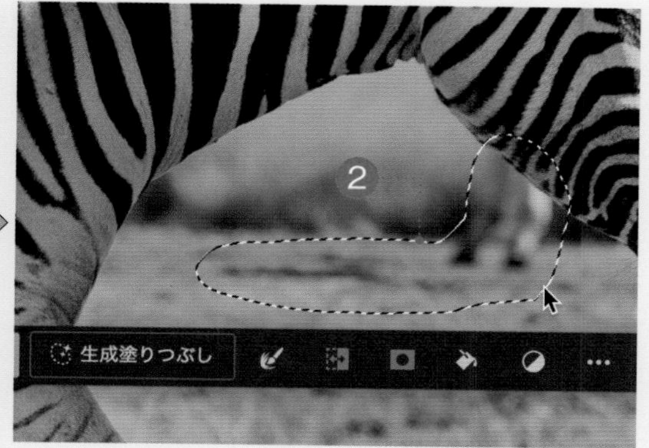

サンプル［023_base.psd］を開きます。［なげなわツール］を選択して❶、除去したいオブジェクトをドラッグして、囲みます❷。

2 続けて選択範囲を作成し、画像生成でオブジェクトを除去

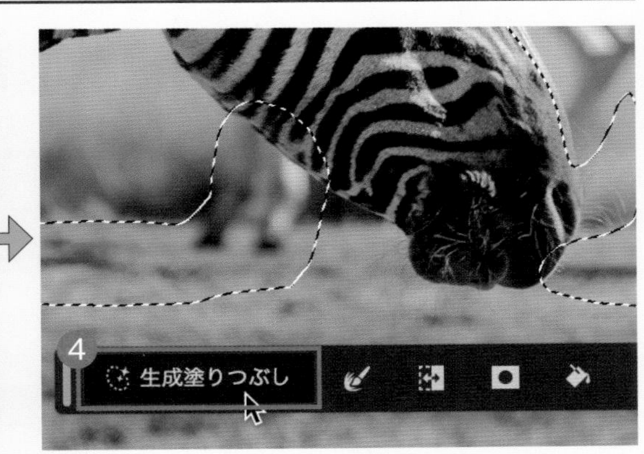

同様に、オブジェクトを選択します。shift キーを押しながらドラッグしてオブジェクトを囲み、選択範囲を追加します❸。除去したいオブジェクトに選択範囲を作成できれば良いので［オブジェクト選択ツール］などと組み合わせて選択範囲を作成しても構いません。コンテキストタスクバーの［生成塗りつぶし］をクリックして❹、プロンプトの入力欄には何も入力しないまま、［生成］をクリックします。［プロパティ］パネルでイメージに近い候補を選択したら完成です。

Hint

▼サンプル：023_hint.psd

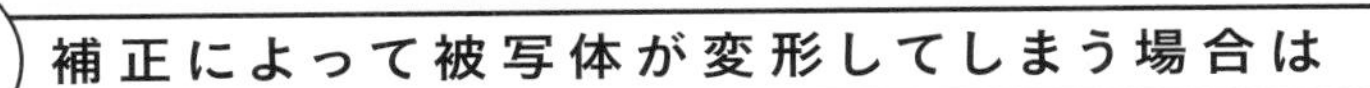

補正によって被写体が変形してしまう場合は

注意点として交差している箇所の補正を行う場合、残しておきたい被写体に選択範囲の一部が掛かるため、選択箇所が変形してしまう場合があります。人物や商品などに適用する場合は、マスクを掛けるなどもうひと手間調整が必要なこともあるので注意しましょう。

被写体に選択範囲が掛かる

生成すると変形してしまうことがある

マスクを掛けるなど調整する

024 Photoshop

生成AIならタッチも自然に。イラストの調整も一瞬

「背景のサイズを伸ばしたい」「要素を取り除きたい」「要素を追加したい」といった要望は写真に限らずイラストでも当然起こりますが、Photoshopの生成拡張、オブジェクトの除去、要素の追加はイラストにも適用可能です。一連の流れをこちらの作例で試してみましょう。

After

Before

Prompt

バラの花

1 カンバスを左右に拡張して画像を生成

サンプル[024_base.psd]を開きます。[切り抜きツール]を選択して❶、オプションバーで[塗り:生成拡張]を選択します❷。右端のハンドルを[option]キー(Windowsは[Alt]キー)を押しながら右にドラッグして、カンバスを左右に拡張します❸。コンテキストタスクバーのプロンプトの入力欄には何も入力しないまま、[生成]をクリックします。

2 選択範囲を作成して生成塗りつぶしでオブジェクトを除去

画像の左右が補完されたら❹、[プロパティ]パネルでイメージに近い候補を選択しましょう。続いて[なげなわツール]を選択し❺、ドラッグして除去したいオブジェクト(ここではティアラ)を囲みます❻。コンテキストタスクバーの[生成塗りつぶし]をクリックして、プロンプトの入力欄には何も入力しないまま、[生成]をクリックします。ティアラが除去されたら❼、[プロパティ]パネルでイメージに近い候補を選択しましょう。

3 選択範囲を作成してオブジェクトを生成

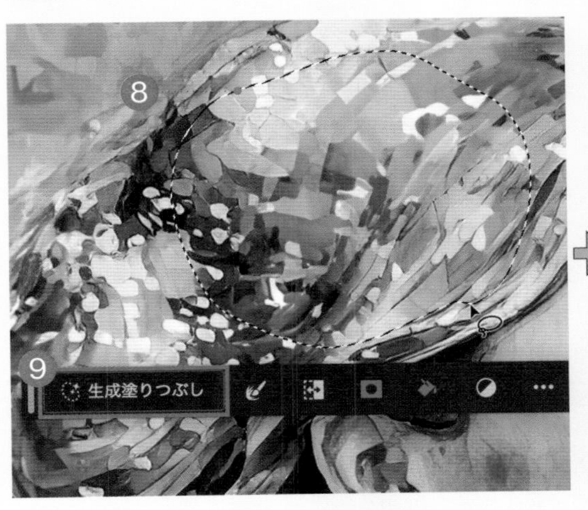

オブジェクトを追加したい箇所に選択範囲を作成しましょう。ここでは頭部にバラの花を追加したいため、[なげなわツール]で頭の一部を囲みます❽。コンテキストタスクバーの[生成塗りつぶし]をクリックして❾、プロンプトに「バラの花」と入力し、[生成]をクリックします。バラが生成されたら❿、[プロパティ]パネルでイメージに近い候補を選択しましょう。これで完成です。

025

Photoshop

2枚の画像をつないで1枚のパノラマ写真を作る

操作動画

Photoshopで2枚の写真を自然につないで1枚のパノラマ写真を作ります。画像間をシームレスに遷移するスライド式のアニメーションを行いたいときに便利です。画像間の選択範囲を作成する際、両側の画像に掛かるように選択範囲を作るのがこの作例のポイントです。

After

Before

Prompt

プロンプトなし

1 2枚の写真の間に選択範囲を作成

サンプル[025_base.psd]を開きます。このファイルは青空が広がる山を[photo_01]、夕焼けの山を[photo_02]という名前で配置しています。[レイヤー]パネルで[photo_02]レイヤーを選択しましょう。[長方形選択ツール]で❶、2枚の写真の間をドラッグして選択範囲を作ります❷。選択範囲の一部が2枚の写真に掛かるように囲んでください。

2 2枚の写真の間を補完する画像を生成

コンテキストタスクバーの[生成塗りつぶし]をクリックして❸、プロンプトの入力欄には何も入力しないまま、[生成]をクリックします。[プロパティ]パネルでイメージに近い候補を選択したら完成です。

Hint

▼サンプル:025_hint.psd

2枚の写真を縦に並べてもOK!

この作例では横に並べた2枚の写真をつないで1枚のパノラマ写真を作りましたが、縦に2枚並べた写真を補完することも可能です。別のアイデアとして夜空と夕焼け空を縦に並べて間をつなぐ作例を見ていきましょう。

[025_hint.psd]を開いたら、[長方形選択ツール]で2枚の写真の間をドラッグして選択範囲を作ります❶。コンテキストタスクバーの[生成塗りつぶし]をクリックして、プロンプトは何も入力しないまま生成したら、完成です。

026

Photoshop

クイックマスクと塗りで手軽にできる油絵風の加工

操作動画

Photoshopで写真を油絵風に加工します。クイックマスクモードで塗りつぶす明るさの値が生成塗りつぶしの強さになります。明るさの値によってどの程度加工されるのかが決まるので、適用したいイメージに応じて調整しましょう。また、今回は油絵風に加工しますが、アクリル絵の具や水彩など様々な応用ができます。

After

Before

Prompt

油絵

1 クイックマスクモードで塗りつぶし、加工の強さを調整

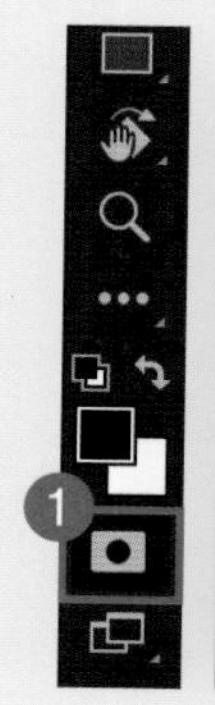

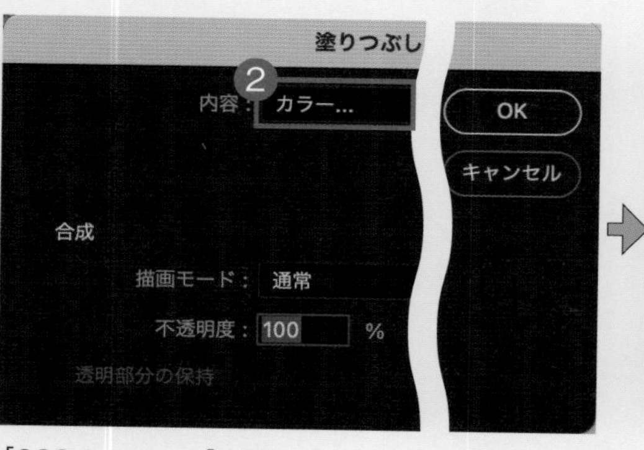

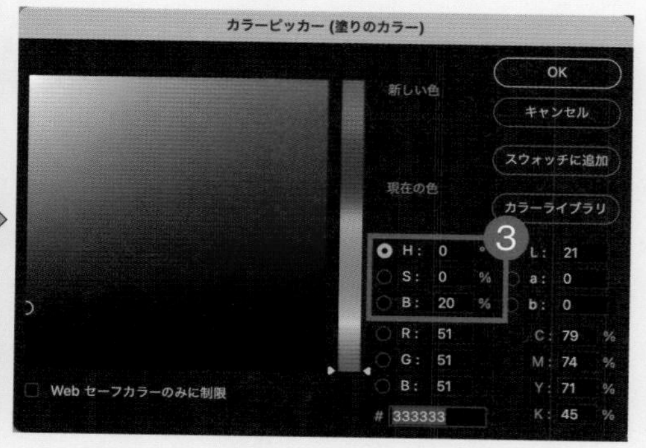

サンプル[026_base.psd]を開き、[レイヤー]パネルで[photo]レイヤーを選択します。ツールバーから[クイックマスクモードで編集]を選択します❶。メニューバーから[編集]-[塗りつぶし]をクリックします。表示された[塗りつぶし]ダイアログで[内容:カラー]を選択して❷、[カラーピッカー]ダイアログを表示しましょう。[H:0°][S:0%][B:20%]と指定して❸、[カラーピッカー]ダイアログと[塗りつぶし]ダイアログをともに[OK]をクリックします。

2 油絵の画像を生成

塗りつぶしを適用すると、[H:0°][S:0%][B:20%]で塗りつぶされた状態になります❹。ツールバーから[クイックマスクモードを終了]を選択します❺。補足ですが、[B:50%]未満で塗りつぶした場合、クイックマスクモード終了時に選択範囲を示す点線は出ません。そのままコンテキストタスクバーの[生成塗りつぶし]をクリックして❻、プロンプトを「油絵」と入力し、[生成]をクリックします。画像が生成されたら[プロパティ]パネルでイメージに近い候補を選択して、完成です。

Hint

明るさの値による生成結果の違い

クイックマスクモードで塗りつぶす明るさの値に応じて加工の強弱が変わります。塗りつぶしの明るさを比較した画像がこちらです。この作例では50%までは加工具合がだんだん強くなり、60%以上はほぼ原型がなく新しい油絵が生成される結果になりました。

20%

40%

50%

60%

027

Photoshop

手描きイラストを一瞬でリアルな写真に変換

操作動画

Photoshopで手描きのイラストをもとに写真を生成します。一般的に「img2img」(Image to Image)と呼ばれるもので、画像をもとに画像を生成します。108ページの写真から油絵風にする作例と同じく、クイックマスクを使った塗りつぶしがこの作例のポイントです。

After

Before

Prompt

ヤシの木のシルエット、夕焼け、星空、海

1 クイックマスクモードで塗りつぶし、加工の強さを調整

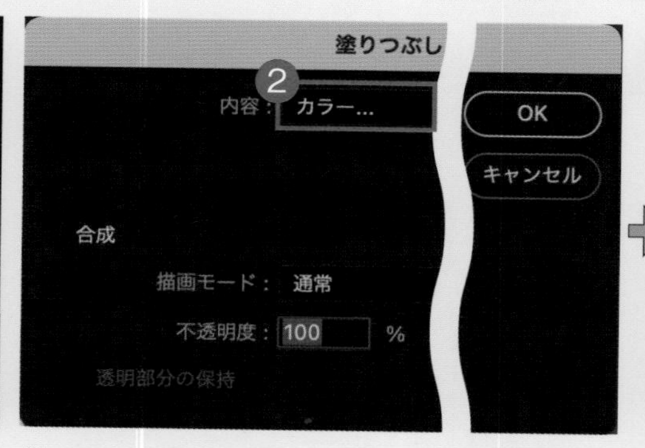

サンプル[027_base.psd]を開きます。ツールバーから[クイックマスクモードで編集]を選択します❶。メニューバーから[編集]-[塗りつぶし]をクリックします。表示された[塗りつぶし]ダイアログで[内容:カラー]を選択して❷、[カラーピッカー]ダイアログを表示しましょう。[H:0°][S:0%][B:70%]と指定して❸、[カラーピッカー]ダイアログと[塗りつぶし]ダイアログをともに[OK]をクリックします。

2 選択範囲に画像を生成

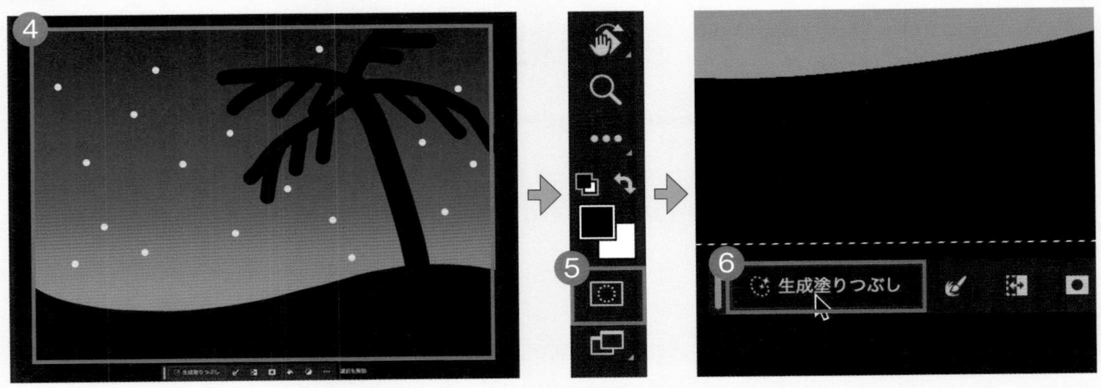

塗りつぶしを適用すると、[H:0°][S:0%][B:70%]で塗りつぶされた状態になります❹。ツールバーから[クイックマスクモードを終了]を選択します❺。そのままコンテキストタスクバーの[生成塗りつぶし]をクリックして❻、プロンプトを「ヤシの木のシルエット、夕焼け、星空、海」と入力し、[生成]をクリックします。画像が生成されたら[プロパティ]パネルでイメージに近い候補を選択して完成です。

Hint

明るさの値による生成結果の違い

クイックマスクモードで塗りつぶす明るさの値に応じて加工の強弱が変わります。塗りつぶしの明るさを比較した画像がこちらです。この作例では50%まではほぼイラストで、60%で写真に近づき、80%では写真ではあるものの下絵とは異なった構図で生成される結果になりました。

50%

60%

70%

80%

028 Photoshop

手描きのイラストを水彩画風にする簡単テクニック

Photoshopで白黒の線画をもとに水彩風イラストを生成します。これは110ページの手描きイラストをリアルな写真に変換する方法とは異なり、選択範囲の取り方とプロンプトで加工する方法です。また、今回は水彩風に加工しますが油絵風やカートゥーン風など様々な応用ができます。

After

Before

Prompt

金魚、水彩

1 [被写体を選択]で選択範囲を作成

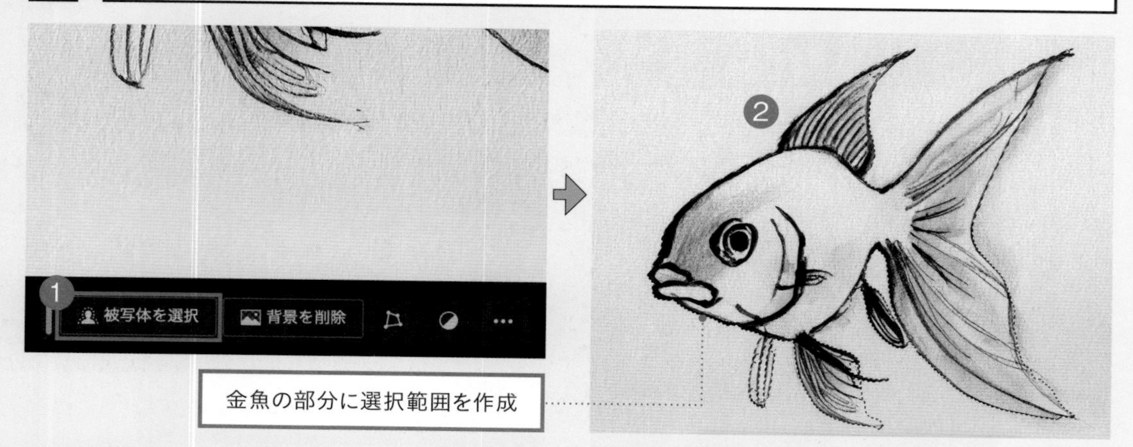

サンプル[028_base.psd]を開きます。コンテキストタスクバーで[被写体を選択]をクリックして❶、金魚に選択範囲を作成しましょう❷。

2 選択範囲を拡張して水彩の金魚を生成

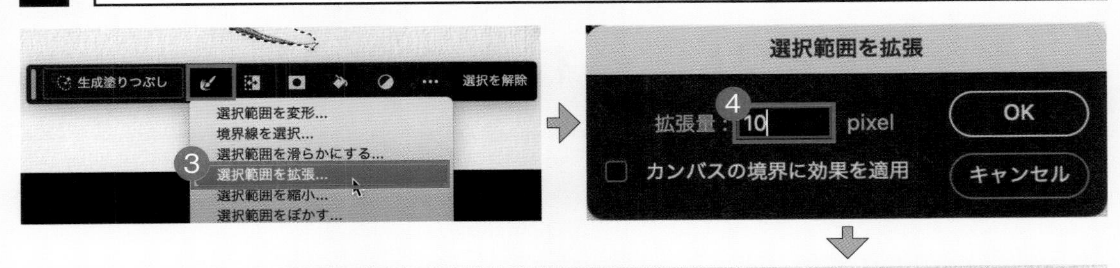

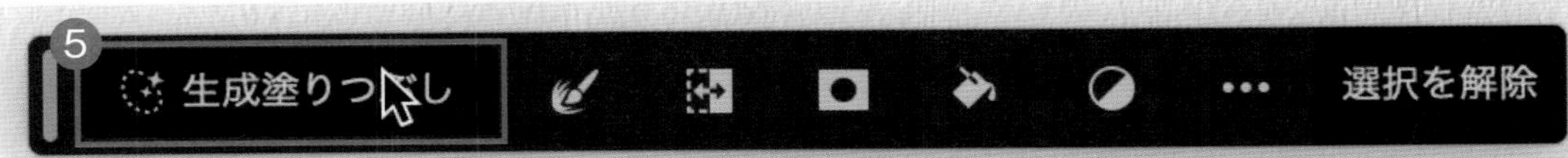

コンテキストタスクバーから[選択範囲を修正]-[選択範囲を拡張]をクリックし❸、[選択範囲を拡張]ダイアログを表示します。[拡張量:10pixel]とし❹、作成した選択範囲を拡張しましょう。コンテキストタスクバーの[生成塗りつぶし]をクリックして❺、プロンプトを「金魚、水彩」と入力し、[生成]をクリックします。画像が生成されたら[プロパティ]パネルでイメージに近い候補を選択しましょう。これで完成です。

Hint ワードを変えるだけ！ 様々なテイストで生成できる

この作例では線画を水彩風イラストに加工しましたが、ワードを変えると様々なテイストで生成可能です。別のアイデアとして「カートゥーン風」「スケッチアート風」「アニメ風」「ドット絵風」の加工を行ってみたのでご紹介します。絵画技法など見た目に関する加工の一覧を130ページのColumnにまとめているのでご参照ください。

金魚、カートゥーン、ベクター

金魚、スケッチアート、白黒

金魚、アニメスタイル

金魚、ドット絵

写真1つでOK！ 透過させて作るおしゃれデザイン

操作動画

Photoshopで服を透過させてその部分をイラストにするトリックアートを作成します。今までこのような合成を行う場合、透過部分の調整が複雑なため風景の写真と人物の写真の2枚を用意して合成していましたが、生成塗りつぶしのおかげで1枚の写真から作成しても問題ないレベルで作成できるようになりました。

Before

Prompt

プロンプトなし

1 人物の切り抜きを作成

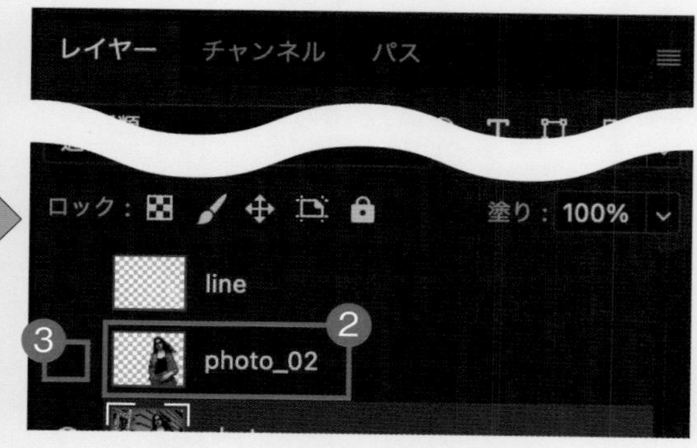

サンプル［029_base.psd］を開きます。サンプルは人物の写真を［photo］とし、服の形状に沿って描いた線を［line］という名前にして非表示にしています。［photo］レイヤーを選択し、コンテキストタスクバーで［被写体を選択］をクリックし、人物に選択範囲を作成しましょう❶。そのまま command + J キー（Windowsは Ctrl + J キー）を押し、人物を切り抜いたレイヤーを作成します❷。名前を［photo_02］とし非表示にします❸。

2 選択範囲を拡張して[生成塗りつぶし]で人物を除去

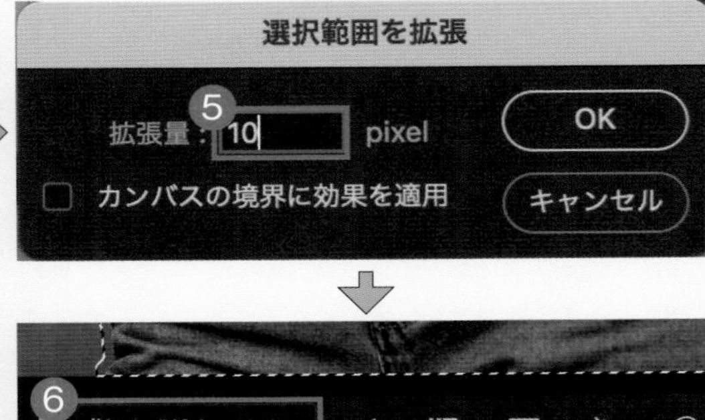

[レイヤー]パネルで[photo]レイヤーを選択し、コンテキストタスクバーで再度[被写体を選択]をクリックして、人物に選択範囲を作成します❹。次に[選択範囲を修正]-[選択範囲を拡張]をクリックし[選択範囲を拡張]ダイアログを表示しましょう。[拡張量:10pixel]とし❺、作成した選択範囲を拡張します。
そのままコンテキストタスクバーで[生成塗りつぶし]をクリックして❻、プロンプトの入力欄には何も入力しないまま、[生成]をクリックします。人物の部分に背景の建物が生成されるので❼、[プロパティ]パネルで自然になじむイメージに近い候補を選択しましょう。

3 赤いシャツ部分に選択範囲を作成

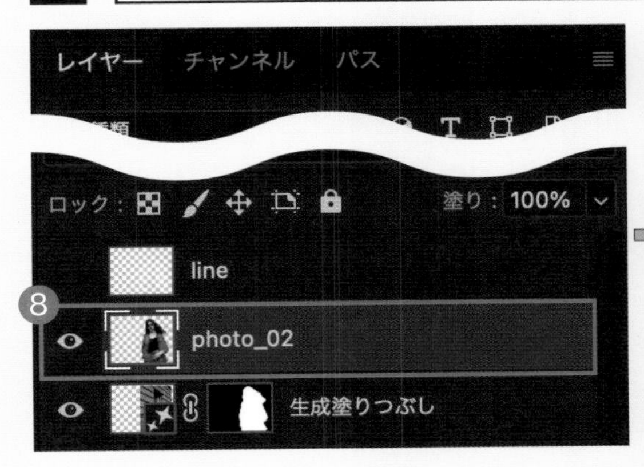

[レイヤー]パネルで[photo_02]レイヤーを表示して選択します❽。[クイック選択ツール]を選択して❾、赤いシャツをドラッグして選択範囲を作成します❿。option キー(Windowsは Alt キー)を押しながらドラッグすると選択範囲から外すことができるので使い分けましょう。

4 選択範囲を反転してマスクする

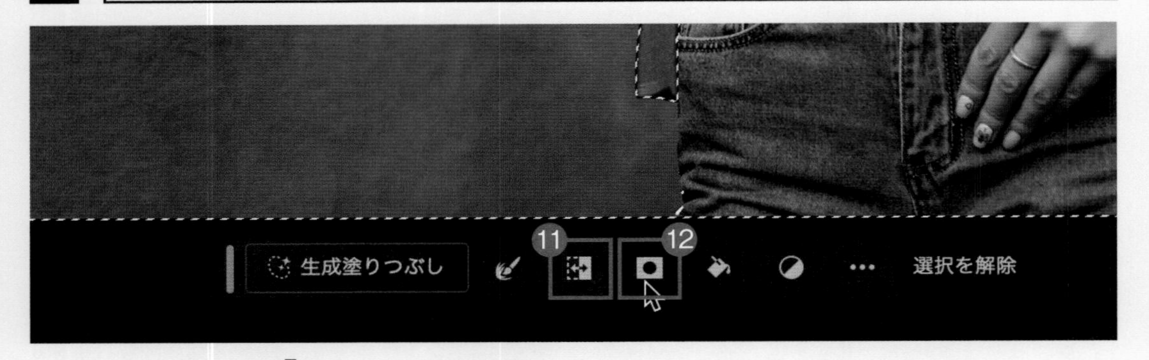

コンテキストタスクバーから[選択範囲を反転]をクリックします⓫。続けて[選択範囲からマスクを作成]をクリックします⓬。マスクされたことで赤いシャツの部分が透過されたようになります⓭。

5 [レイヤー]パネルで[line]レイヤーを表示

最後に[レイヤー]パネルで[line]レイヤーを表示します⓮。これで完成です。

Hint Photoshopで線を描く方法

この作例では線を引く工程を省略しましたが［ペンツール］で線を引いています。Photoshopで線を引く方法として［ペンツール］と［ブラシツール］を使う方法を紹介します。

■ペンツール

［ペンツール］を選択し、オプションバーで［ツールモード:シェイプ］［塗り:なし］［線:黒］として、線幅を設定して線を引きます。

■ブラシツール01

［ブラシツール］を選択し、オプションバーで［ブラシツールピッカー］を開き、［直径］を設定して［ハード円ブラシ］を選択して線を引きます。

■ブラシツール02（直線を引く）

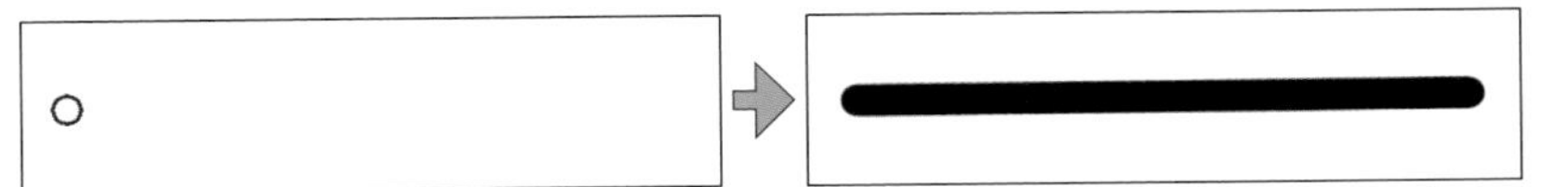

［ブラシツール］でカンバスをクリックし、shiftキーを押しながら再度カンバスをクリックします。

■ブラシツール03（ペンタブを使った線の入り抜き）

オプションバーで［サイズに常に筆圧を使用します］をオンにして線を引きます。

■ペンツール＋ブラシツール（マウスで線を引く場合の入り抜き）

［ブラシツール］を選択し、オプションバーで［サイズに常に筆圧を使用します］にチェック、［ペンツール］を選択し、オプションバーで［ツールモード:パス］を選択してカンバスにパスを引きます。パス上を右クリックして［パスの境界線を描く］を選択し、［パスの境界線］ダイアログで［ツール:ブラシ］［強さのシミュレート］にチェックを入れます。

030

Photoshop

断面をカットしてジューシーな輪切りのオレンジに

操作動画

Photoshopでオレンジの上半分をカットして断面を生成し、ジューシーな輪切りのオレンジに加工します。生成塗りつぶしは背景となじませる領域が発生するため、オレンジの断面を生成する際の選択範囲を少し大きめに取るのがこの作例のポイントです。

After

Before

Prompt

オレンジ、断面

1 オレンジの上半分に選択範囲を作成して削除

サンプル[030_base.psd]を開きます。あらかじめオレンジを切り抜き[orange]というレイヤー名で配置しています。[レイヤー]パネルで[orange]レイヤーを選択して、[長方形選択ツール]で❶オレンジの上半分を選択します❷。そのまま delete キーを押して削除し、command＋Dキー（WindowsはCtrl＋Dキー）で選択を解除します❸。

2 楕円の選択範囲を作成して断面を生成

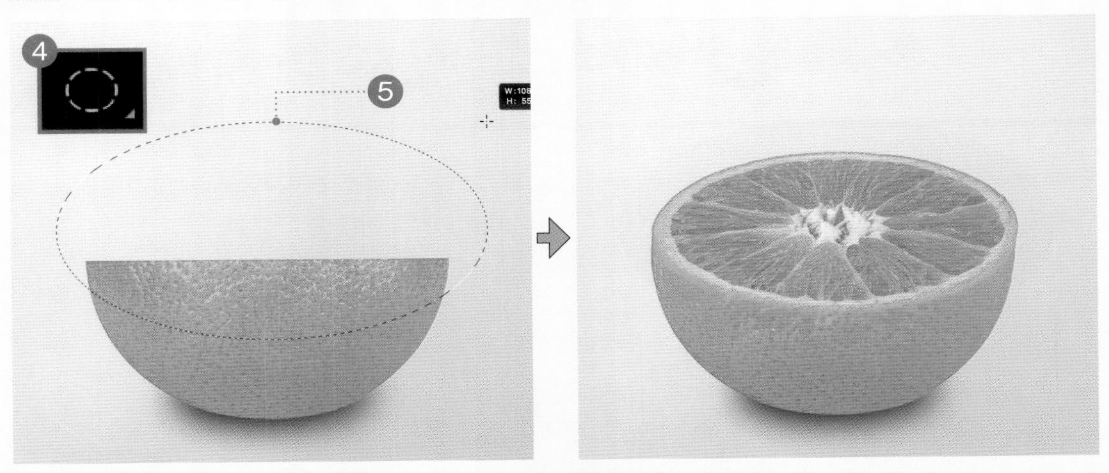

［楕円形選択ツール］を選択して❹、カットした境界を覆うように楕円の選択範囲を作成します❺。選択範囲を作成してオブジェクトを生成する場合、背景となじませる領域が発生します。このため、楕円の選択範囲はオレンジよりも少し大きめに作成しましょう。続いて、コンテキストタスクバーから［生成塗りつぶし］をクリックして、プロンプトを「オレンジ、断面」と入力し、［生成］をクリックします。オレンジの断面が生成されたら［プロパティ］パネルでイメージに近い候補を選択して完成です。うまく行かない場合は選択範囲の大きさを気持ち小さくするなど調整してみてください。

Hint

▼サンプル：030_hint_01.psd〜030_hint_04.psd

様々なフルーツの断面を生成できる！

この作例ではオレンジをカットして断面を作りましたが、他のフルーツでも可能です。別のアイデアとして「リンゴ」「スイカ」「パイナップル」「キウイフルーツ」の断面を作成したのでご参照ください。

031

Photoshop

人物＋風景で作る 多重露光の幻想的な写真

操作動画

Photoshopで人物と生成した風景を組み合わせた多重露光風の加工を行います。多重露光風の加工はPhotoshopの基本ともいえる「マスク」の使い方が大きなポイントです。この作例ではクリッピングマスクとレイヤーマスクの両方を使って仕上げていきます。

After

Before

Prompt

複数の岩山

1 レイヤー全体を選択して岩山の画像を生成

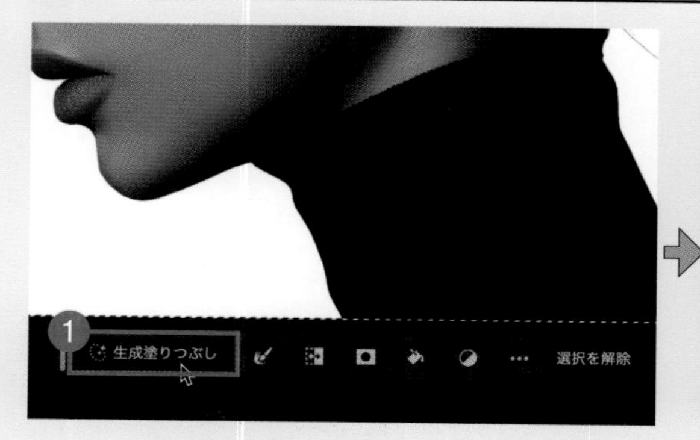

サンプル[031_base.psd]を開きます。このファイルは切り抜いた人物を[photo]、べた塗りの白を[bg]というレイヤー名で配置しています。メニューバーから[選択範囲]-[すべてを選択]をクリックしてレイヤー全体を選択します。コンテキストタスクバーの[生成塗りつぶし]をクリックして❶、プロンプトを「複数の岩山」と入力し、[生成]をクリックします。岩山の画像が生成されたら❷、[プロパティ]パネルでイメージに近い候補を選択しましょう。

2 不透明度を調整してレイヤーを複製

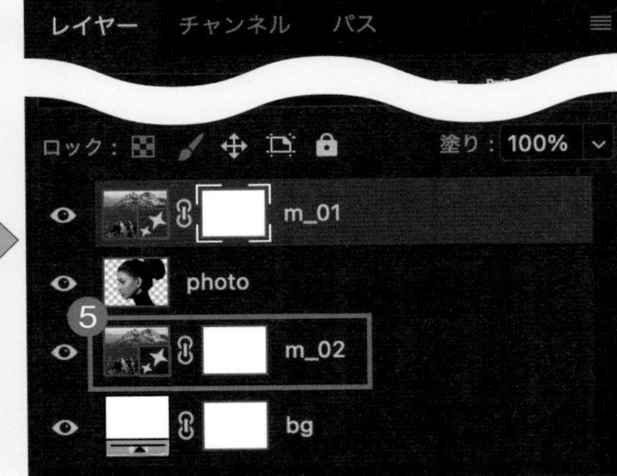

[レイヤー]パネルで[複数の岩山]レイヤーを[不透明度:30%]にし❸、レイヤー名を[m_01]に変更します❹。次に[m_01]レイヤーを選択した状態でoptionキー(WindowsはAltキー)を押しながら、[photo]レイヤーの下にドラッグして、レイヤーを複製しましょう。複製したレイヤーは[m_02]という名前にします❺。顔に岩山が重なっているため❻、次の工程でマスクしていきます。

3 顔や首など肌の部分に[ソフト円ブラシ]でマスクする

[m_01]レイヤーのレイヤーマスクサムネイルを選択し、[ブラシツール]を選択して、描画色を黒[#000000]に設定します。ブラシプリセットピッカーを開き、[ソフト円ブラシ]を選択して❼、[直径]をマスクしやすいサイズにしておきましょう。ここでは[直径:275px]としました。この状態のブラシで、顔や首など肌の部分をドラッグして❽、[m_01]レイヤーにマスクを追加します❾。マスクは少しはみ出しても構いません。

4 クリッピングマスクして不透明度を戻す

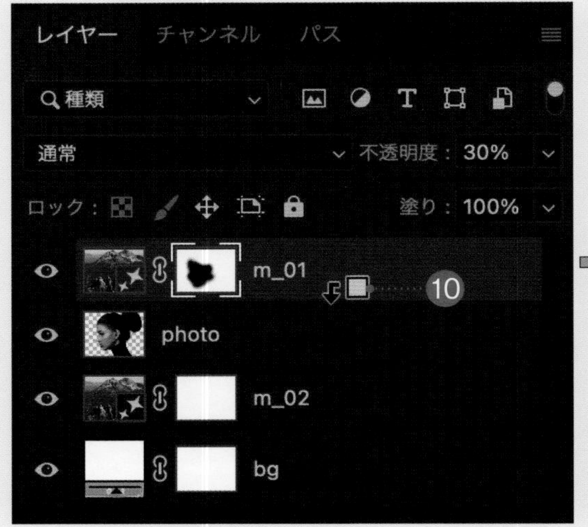

[レイヤー]パネルで[m_01]と[photo]レイヤーの間を option キー＋クリック（Windowsは Alt キー＋クリック）します⑩。これで[m_01]レイヤーが[photo]レイヤーでクリッピングマスクされます。続いて、[m_01]レイヤーを[不透明度:100%]に戻しましょう⑪。

5 グラデーションマップで白黒のグラデーションを作成

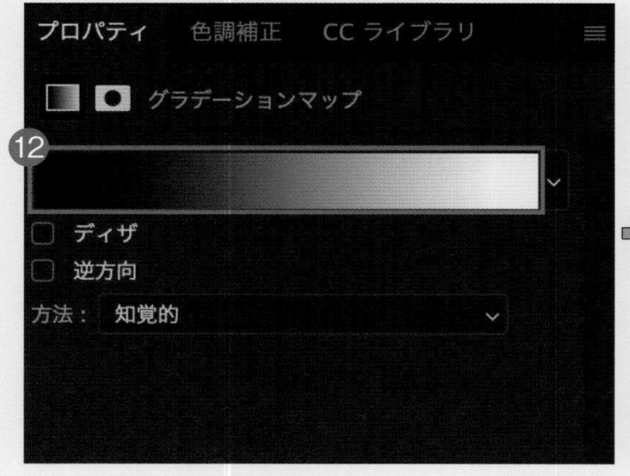

[レイヤー]パネル下部の[塗りつぶしまたは調整レイヤーを新規作成]-[グラデーションマップ]をクリックします。[プロパティ]パネルに表示されたグラデーションバーをクリックして⑫[グラデーションエディター]ダイアログを表示しましょう。まず左端の分岐点は[カラー:#0c0c0c]⑬、[位置:0]⑭とします。

6 2つ目の分岐点を調整

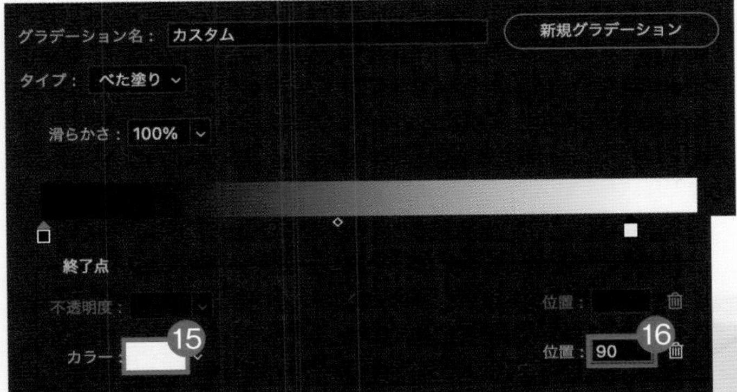

右端の分岐点は[カラー:#f1f4f7]⑮、[位置:90]⑯とします。[グラデーションエディター]ダイアログで[OK]をクリックしたら完成です。

Hint

Webアプリでも手軽に多重露光のビジュアルが作れる！

FireflyのWebアプリで「人物と山の多重露光」などのプロンプトで多重露光風の生成を行うことも可能です。ただし、例えばクライアントワークで指定された人物などの写真から組み合わせて作ることはできません。FireflyのWebアプリで作成する方法、Photoshopで指定された写真から作成する方法のどちらのやり方も覚えておきましょう。

人物と山の多重露光

032 Photoshop

ドラマチックな空に置き換えて印象的な写真に

操作動画

Photoshopで印象的なマジックアワーの空を生成して曇りの写真の空を置き換えます。マジックアワーとは日の出、日没の前後の時間帯のことで、1日で空が最も美しい時間帯といわれることもあります。[空を置き換え]という機能を使って美しいマジックアワーの空に加工します。

After

Before

Prompt

マジックアワー、ドラマチックな空、紫

1 レイヤー全体を選択して空の画像を生成して上書き保存

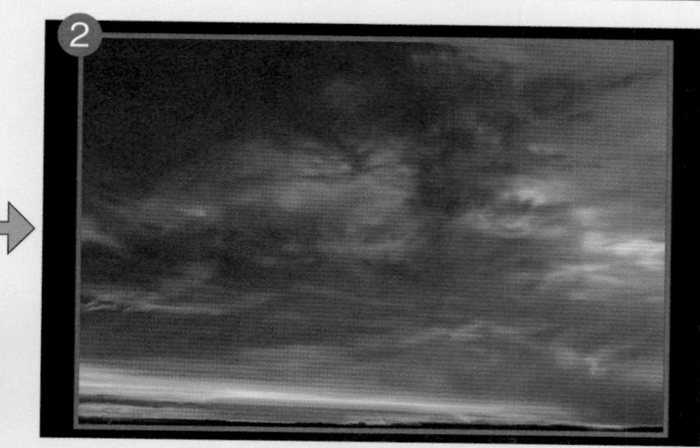

ここでは[sky.psd]と[032_base.psd]を使います。まずサンプル[sky.psd]を開き、メニューバーから[選択範囲]-[すべてを選択]をクリックします。コンテキストタスクバーの[生成塗りつぶし]をクリックして❶、「マジックアワー、ドラマチックな空、紫」と入力し、[生成]をクリックします。空の画像が生成されたら❷、[プロパティ]パネルでイメージに近い候補を選択して、上書き保存してください。

2 生成した画像に空を置き換えて位置を調整

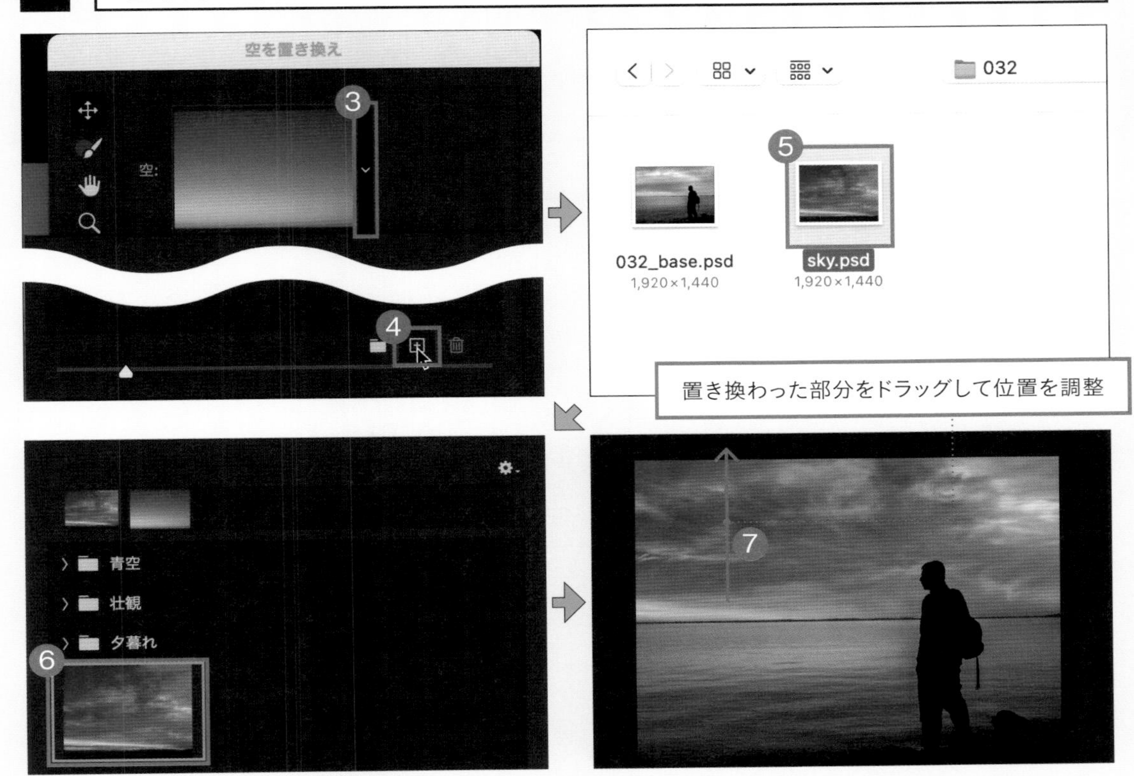

[032_base.psd]を開きます。[編集]-[空を置き換え]をクリックして[空を置き換え]ダイアログを表示しましょう。サムネイル右にある矢印をクリックして❸、下部の[+]をクリックします❹。先ほど画像を生成した[sky.psd]を選択して❺、[開く]をクリックします。サムネイルが追加されたら選択してください❻。空が置き換わったら、カンバス上をドラッグして空の位置を調整しましょう❼。ここでは、上にドラッグして調整しました。

3 前景の設定を調整して新規レイヤーとして出力

[前景の調整]を設定します。[照明モード:乗算]❽、[前景の明暗:0]❾、[エッジの明暗:0]❿、[カラー調整:100]⓫とします。[出力先:新規レイヤー]にして⓬、[OK]をクリックしたら完成です。

033

Photoshop

波紋もリアルに再現！水面反射もワンタッチで完了

操作動画

Photoshopで写真にもとづいたリアルな水面反射を生成します。98ページで紹介した生成拡張はコンテンツを補完するだけではなく、拡張部分をプロンプトで指定することも可能です。プロンプトに「水面、反射」と入力して生成拡張を行うのがこの作例のポイントです。

After

Before

Prompt

水面、反射

1 ［切り抜きツール］を選択してカンバスを下に拡張

サンプル［033_base.psd］を開きます。［切り抜きツール］を選択して❶、オプションバーで［塗り:生成拡張］を選択します❷。下端のハンドルをドラッグして❸、カンバスを下に拡張します❹。

2 拡張した範囲に画像を生成

水面、反射　…　キャンセル　生成

コンテキストタスクバーのプロンプトの入力欄に「水面、反射」と入力し❺、［生成］をクリックします。拡張した範囲に画像が生成されたら［プロパティ］パネルでイメージに近い候補を選択して、完成です。

拡張した範囲に水面の画像が生成される

Hint

▼サンプル：033_hint.psd

選択範囲を作成して水面反射させることもできる

この作例では生成拡張で水面反射を作成しましたが、任意の箇所に選択範囲を作成して同様のプロンプトで生成することも可能です。別のアイデアとして山と草原の風景写真から湖を生成する作例を見ていきましょう。

［033_hint.psd］を開き❶、［なげなわツール］で水面を生成する箇所に選択範囲を作成します❷。プロンプトに「水面、反射」と入力して、生成したら完成です。

034 Photoshop

生成レイヤーのオブジェクトを切り抜き色を合わせる

操作動画

Photoshopの生成AIで追加したオブジェクトを切り抜いて背景に合わせて色を補正します。部分的な選択範囲をもとに作られた生成レイヤーはオブジェクトをなじませる領域が発生します。このためそのままでは移動などの調整が行えませんが、切り抜くことで位置の調整やフィルターをオブジェクトのみに適用することが可能となります。

After

Before

Prompt

青い蝶

1 選択範囲を作成して青い蝶を生成

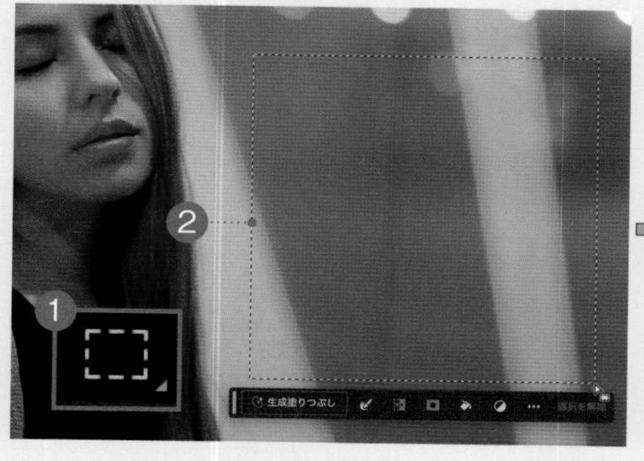

サンプル[034_base.psd]を開きます。[長方形選択ツール]で❶、画面右中央辺りに選択範囲を作成します❷。コンテキストタスクバーの[生成塗りつぶし]をクリックして、プロンプトを「青い蝶」と入力し、[生成]をクリックします。画像が生成されたら❸、[プロパティ]パネルでイメージに近い候補を選択しましょう。

2 スマートオブジェクトに変換して背景を削除

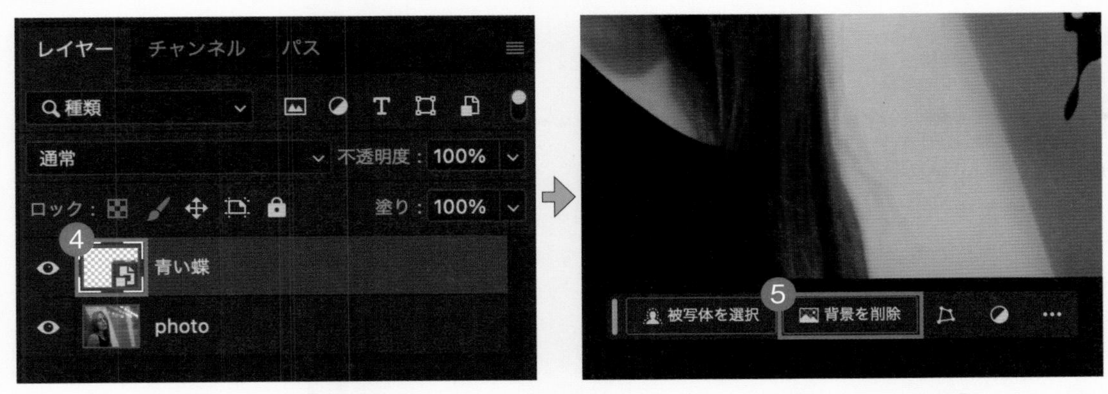

[レイヤー]パネルで[青い蝶]レイヤーを選択し、レイヤー名を右クリックして[スマートオブジェクトに変換]をクリックして、スマートオブジェクトに変換します❹。コンテキストタスクバーから[背景を削除]をクリックします❺。[背景を削除]を選択するとマスクされます。**輪郭が明確なオブジェクトに関しては、生成レイヤーを[スマートオブジェクトに変換]して[背景を削除]で切り抜くことができます。**部分的な選択範囲をもとに作られた生成レイヤーはオブジェクトをなじませる領域があるので、そのままでは移動できませんが、切り抜くことで生成したオブジェクトの色や位置の調整が可能となります。

3 ニューラルフィルターの[調和]を適用

[レイヤー]パネルで[青い蝶]レイヤーのレイヤーサムネイルを選択します❻。メニューバーから[フィルター]-[ニューラルフィルター]をクリックします。[調和]をオンにして❼、[参照画像]から[photo]レイヤーを選択します❽。[強さ:50]❾、「レッド」方向の最大値に❿、[彩度:+30]として⓫[出力:スマートフィルター]で出力します⓬。これで完成です。

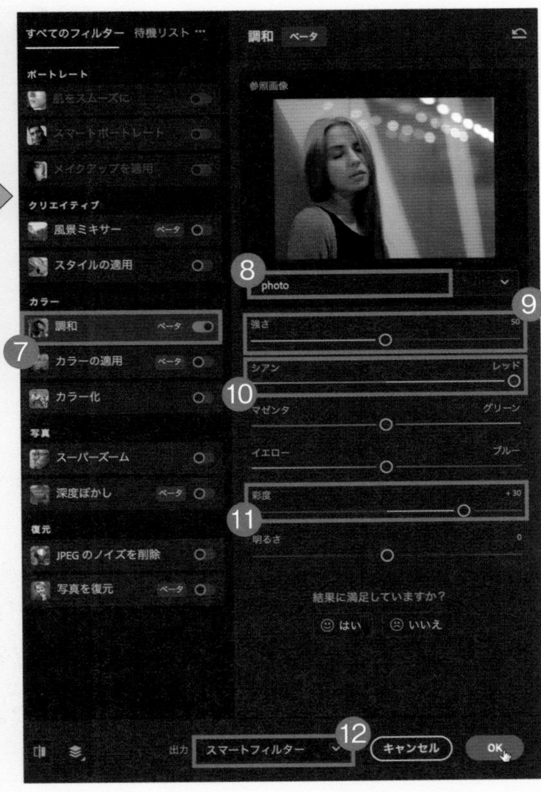

Column

絵画技法や見た目に関するプロンプトを試してみよう

108ページの「クイックマスクと塗りで手軽にできる油絵風の加工」では油絵風に、112ページの「手描きのイラストを水彩画風にする簡単テクニック」では水彩画風に加工するテクニックを紹介しましたが、プロンプトを変更することで様々な見た目に簡単に加工することが可能です。

Webアプリの「テキストから画像生成」ページの「効果」にこのような絵画技法や見た目の調整に関するワードがまとまっています。「バラの花、シンプルな背景」というプロンプトにワードを足して生成したイメージをピックアップして紹介します。

Chapter

4

デザイン作業を効率化！AIを時短やアイデア創出に役立てる

この章では生成AIと共創することで表現の幅を広げたり、
効率化につなげるための様々なアイデアを
紹介しています。生成AIをご自身のクリエイティブに
どのように活かせるかを考えてみましょう。

035 Photoshop

Fireflyで生成した画像をスーパーズームで拡大

操作動画

FireflyのWebアプリで生成した画像をPhotoshopの[スーパーズーム]で拡大します。Fireflyはダウンロードできるサイズが決まっているので媒体によっては、より大きい画像を使いたいというシーンがあります。Photoshopの[スーパーズーム]で劣化を抑えて拡大してみましょう。

After

Prompt

スーパーモデル、ハイファッション、近未来の街、クローズアップ、ぼやけた背景、ネオン

1 Webアプリで生成した画像をダウンロードしてPhotoshopで読み込み

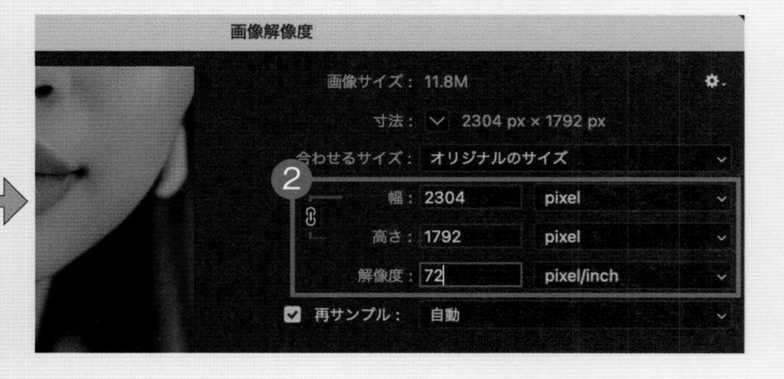

[035_base.psd]を開きます❶。この例で用いている画像は、FireflyのWebアプリでモデルバージョン[Firefly Image 2]、縦横比[横(4:3)]、プロンプトは「スーパーモデル、ハイファッション、近未来の街、クローズアップ、ぼやけた背景、ネオン」で生成してダウンロードし、読み込んでいます。メニューバーから[イメージ]-[画像解像度]をクリックし、[画像解像度]ダイアログで確認すると、[幅:2304pixel][高さ:1792pixel][解像度:72pixel/inch]となっています❷。

2 [スーパーズーム]を適用して画像を拡大

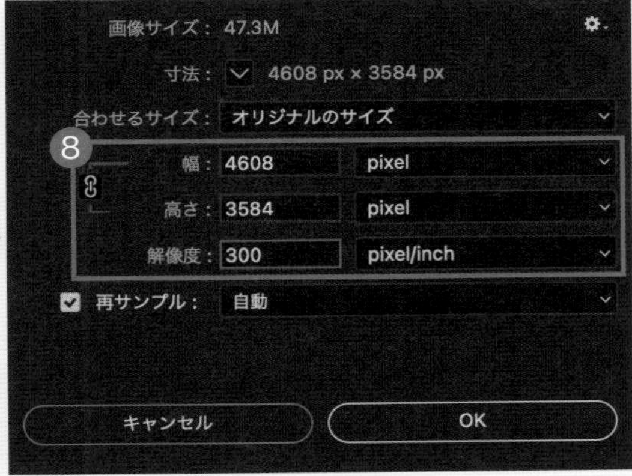

メニューバーから[フィルター]-[ニューラルフィルター]をクリックします。[スーパーズーム]をオンにし❸、[＋]の虫眼鏡マークのボタンを1度クリックして、[画像をズーム（2x）]とします❹。[画像のディテールを強調]と[JPEGのノイズを削除]にチェックを入れます❺。[顔のディテールを強調]にもチェックを入れ❻、[出力:新規ドキュメント]とし❼、[OK]をクリックして適用します。
新たに作成されたドキュメントの[画面解像度]ダイアログを確認すると、出力された画像は[幅:4608pixel][高さ:3584pixel][解像度:300pixel/inch]と、解像度とサイズともに大きくなっています❽。これで完成です。

Hint

「ディテールを保持2.0」で拡大した場合との違い

ニューラルフィルターの[スーパーズーム]の登場以前に拡大するための機能として[ディテールを保持2.0]がありました。[ディテールを保持2.0]も高い精度で拡大できますが、比較するとノイズが発生するのでもうひと手間必要です。[スーパーズーム]は細かく設定ができるのでフォトリアルな画像を拡大する場合は、まずは[スーパーズーム]を試してみましょう。

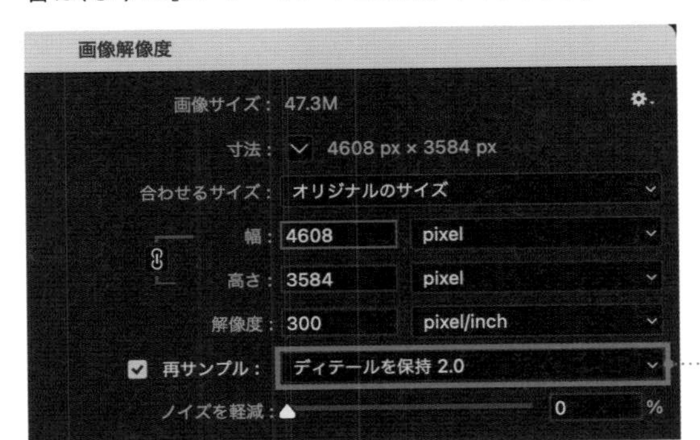

[ディテールを保持2.0]を選択して解像度やサイズを変更する

036

Photoshop

シームレスパターンでデザイン制作を時短

操作動画

Photoshopでテクスチャを生成してシームレスパターンにします。生成したテクスチャの範囲を広げる方法として生成拡張がありますが、デザインの試作段階では大きさの調整などでパターンを適用するほうが楽なシーンが多々あります。シームレス化するのに生成塗りつぶしを使うのがこの作例のポイントです。

After

Before

Prompt

レンガ、テクスチャ

1 レイヤー全体を選択してレンガの画像を生成

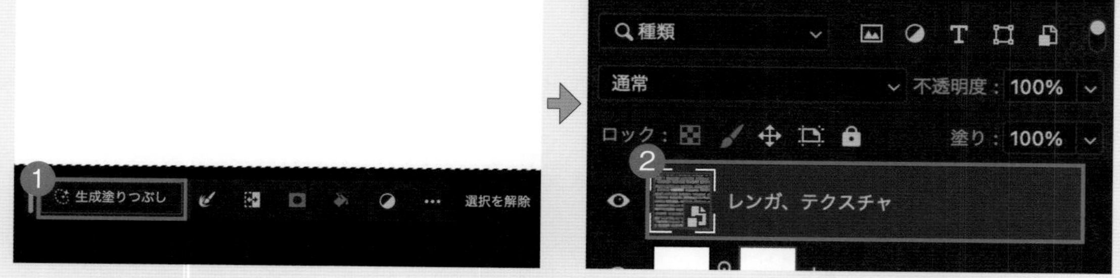

サンプル[036_ptn.psd]を開き、メニューバーから[選択範囲]-[すべてを選択]をクリックしてレイヤー全体を選択します。コンテキストタスクバーの[生成塗りつぶし]をクリックして❶、プロンプトを「レンガ、テクスチャ」と入力し、[生成]をクリックします。画像が生成されたら[レイヤー]パネルで[レンガ、テクスチャ]レイヤーのレイヤー名を右クリックし、[スマートオブジェクトに変換]をクリックします❷。

2 [スクロール]フィルターを適用し、境界を[生成塗りつぶし]で補完

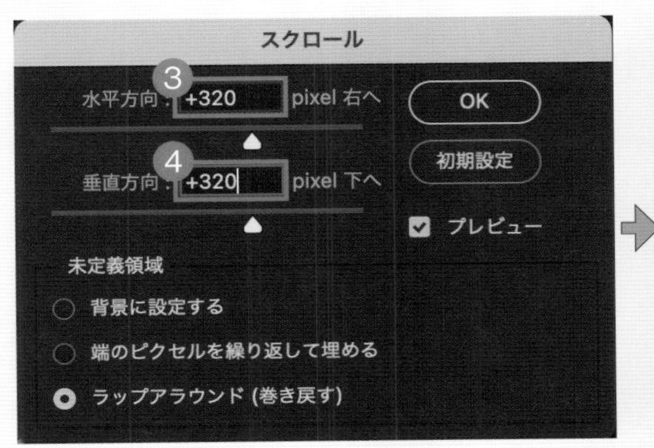

メニューバーから[フィルター]-[その他]-[スクロール]をクリックして、[スクロール]ダイアログを表示しましょう。[水平方向:+320pixel右へ]❸、[垂直方向:+320pixel下へ]❹とし、フィルターを適用します。なお、320pixelは、カンバスサイズ640pixel×640pixelの半分の値です。

続いて、[長方形選択ツール]を選択し❺、縦の中央の境界を囲うように選択範囲を作成します❻。そのまま[生成塗りつぶし]をクリックして、プロンプトを入力せず[生成]をクリックしましょう。境界が補完されたら、横の中央の境界も同様に選択範囲を作成して❼、プロンプトを入力せず[生成]をクリックします。

3 作成したパターンをプリセットに追加

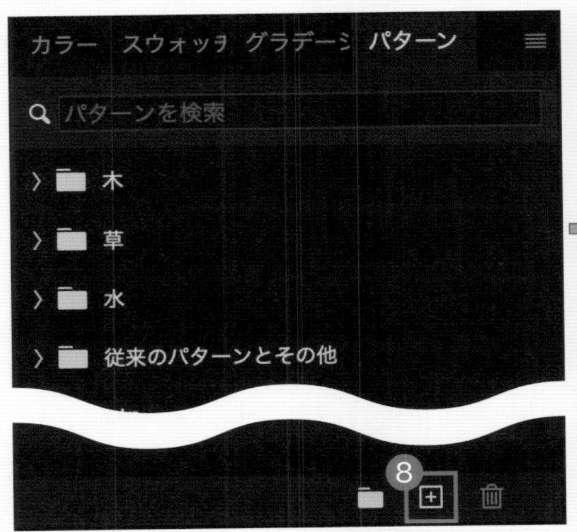

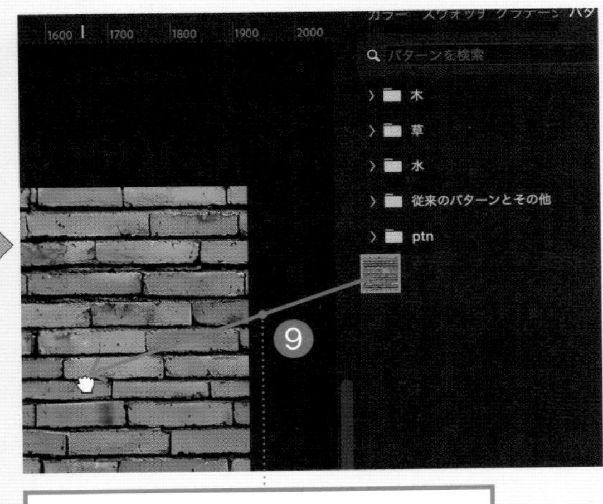

パターンを選択してカンバスにドラッグ

[パターン]パネル下部の[+]をクリックして❽、パターンを追加します。[036_base.psd]を開き、作成したパターンをカンバスにドラッグして❾、確認したら完成です。

037 Illustrator

ベクター生成+生成再配色！サンプルプロンプトで遊んでみよう

Illustratorのベクター生成はプロンプトからベクターデータを生成する機能、生成再配色はベクターデータのカラーバリエーションを作成する機能です。ベクター生成でオブジェクトを生成して、生成再配色でカラーバリエーションを作成する一連の流れをサンプルプロンプトを使って試してみましょう。

Before

Prompt

木、山、雪のある冬の風景、柔らかいパステルカラー、ポスター

サーモンの寿司

ダークブルーの真夜中

1 サンプルプロンプトからベクターを生成

サンプル[037_base.ai]を開き、[選択ツール]で上の長方形を選択します。[テキストからベクター生成]パネルで[種類:シーン]、[アクティブなアートボードのスタイルに一致:オフ]にし、サンプルプロンプトの[木、山、雪のある冬の風景、柔らかいパステルカラー、ポスター]を選択し❶、生成します❷。今後のバージョンアップなどにより、サンプルが見つからない場合は同じプロンプトを入力してください。

2 生成再配色のサンプルプロンプトで夕方に

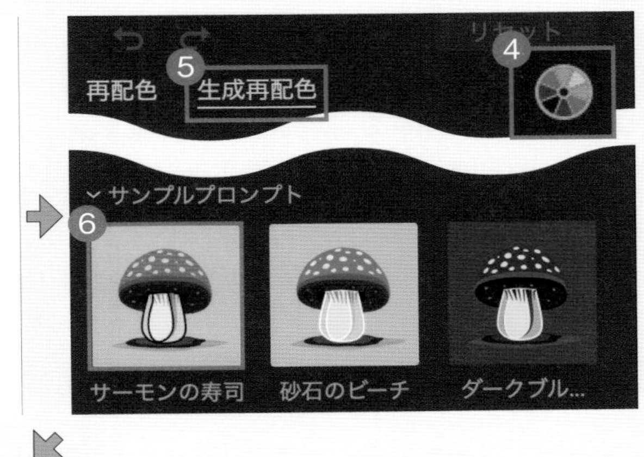

［選択ツール］で左下の長方形を選択し、［テキストからベクター生成］パネルのバリエーションから先ほど生成したベクターを適用します❸。コントロールパネルから［オブジェクトを再配色］をクリックして❹表示されたダイアログから［生成再配色］を選択しましょう❺。サンプルプロンプトから［サーモンの寿司］を選択します❻。配色が生成されたら、バリエーションから夕方のイメージに近い候補を選択しましょう❼。

3 生成再配色のサンプルプロンプトで夜に

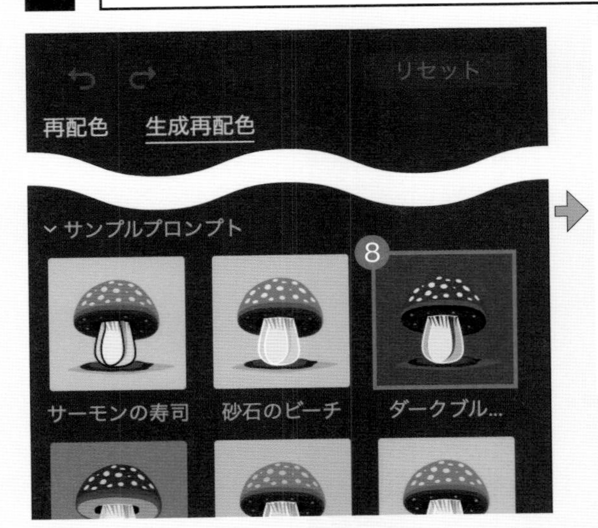

同様に、サンプルプロンプトから配色を生成します。［選択ツール］で右下の長方形を選択し、［テキストからベクター生成］パネルのバリエーションから先ほど生成したベクターを適用します。［生成再配色］のダイアログでサンプルプロンプトから［ダークブルーの真夜中］を選択します❽。配色が生成されたら❾、バリエーションから夜のイメージに近い候補を選択しましょう。これで完成です。

038

Illustrator

生成再配色で作成するカラーバリエーション

操作動画

Illustratorの生成再配色で春をテーマにしたカラーバリエーションを作成します。1.「春」というプロンプトをもとに生成、2.「春、緑、黄色」と色を追加したプロンプトをもとに生成、3.「春」というプロンプト＋スウォッチで色を指定という3つの方法で作成するので、どのような特徴があるか見ていきましょう。

After

Prompt

春

春、緑、黄色

1 プロンプトを入力して配色を生成

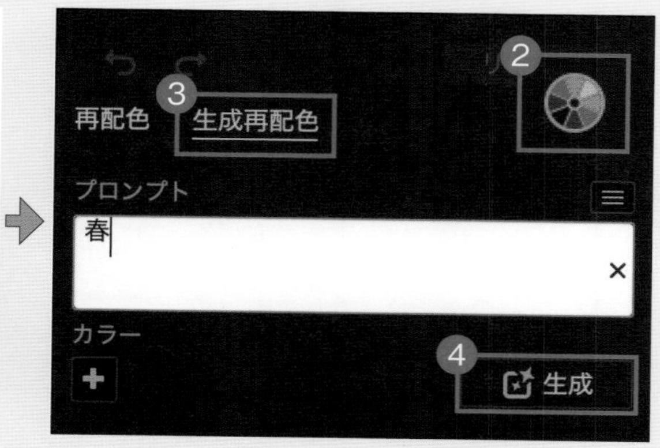

サンプル[038_base.ai]を開き、[選択ツール]で左のオブジェクトを選択します❶。コントロールパネルの[オブジェクトを再配色]をクリックし❷、表示されたダイアログから[生成再配色]を選択しましょう❸。プロンプトを「春」と入力して[生成]をクリックします❹。配色が生成されたら、バリエーションからイメージに近い候補を選択します。

2 キーワードで色を指定して配色を生成

[選択ツール]で中央のオブジェクトを選択します❺。[生成再配色]のダイアログを表示して、プロンプトを「春、緑、黄色」と入力して[生成]をクリックします❻。配色が生成されたら、バリエーションからイメージに近い候補を選択しましょう。プロンプトに色を指定すると、その色を反映する傾向にあります。

3 スウォッチからカラーを指定して配色を生成

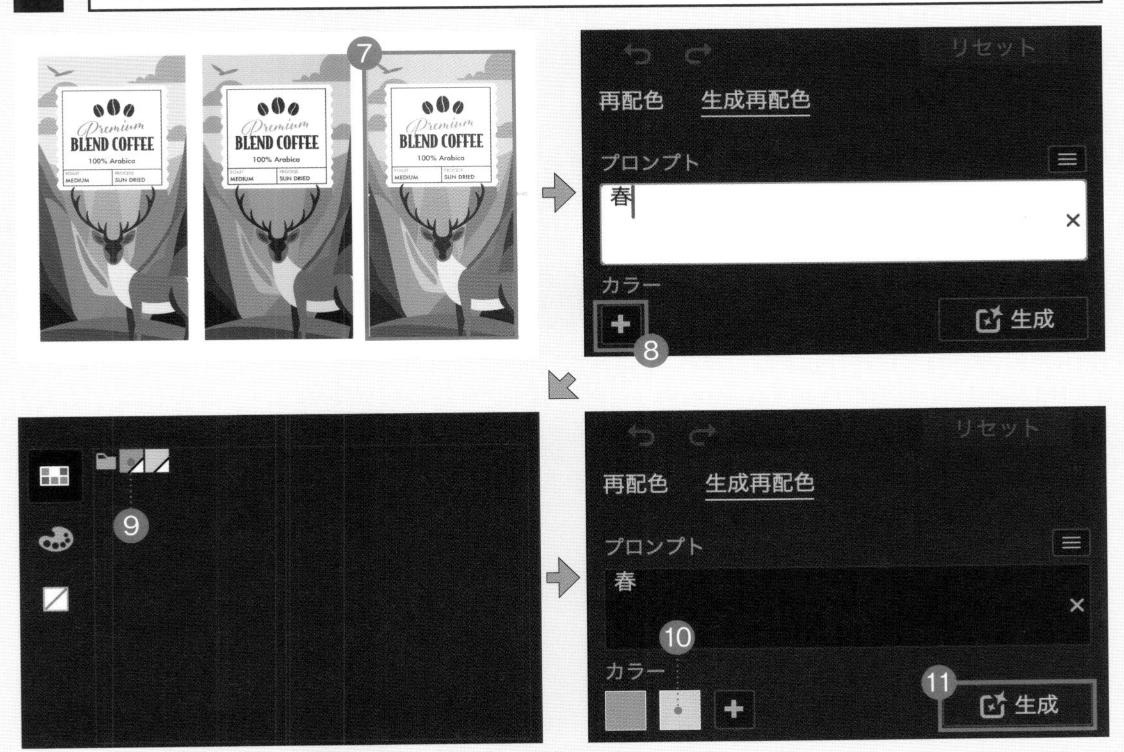

[選択ツール]で右のオブジェクトを選択します❼。[生成再配色]のダイアログを表示して、プロンプトを「春」と入力します。カラーの[＋]をクリックして❽、緑のスウォッチを選択し❾、続けてもう一度[＋]をクリックして黄色のスウォッチを追加します❿。そのまま[生成]をクリックして⓫、配色が生成されたら、バリエーションからイメージに近い候補を選択しましょう。

中央のオブジェクトのプロンプトに[緑]と[黄色]のワードを追加しましたが、緑や黄色にも様々な種類の色があります。あらかじめスウォッチにカラーを入れておくことで、よりイメージに近いカラーで生成することが可能です。この方法は例えばブランドカラーやコーポレートカラーを指定したいときなどに有効です。

グレースケールのパターンからランダムに配色を生成

操作動画

Illustratorの生成再配色でグレーの濃淡で作成したパターンを着色します。生成再配色はパターンにも適用可能です。グレーの濃淡で作成してから着色する方法は形状と着色の工程を分けて考えられるメリットがあり、この方法はパターンの作成だけではなくデザインやイラストの制作にも役立ちます。

Before

Prompt

.

1 パターンを作成してスウォッチに登録

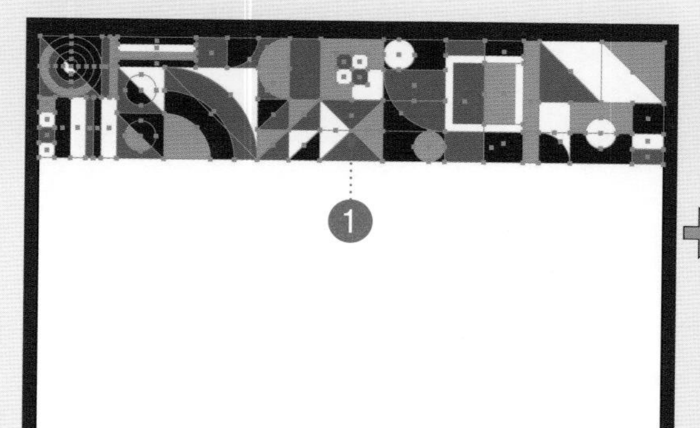

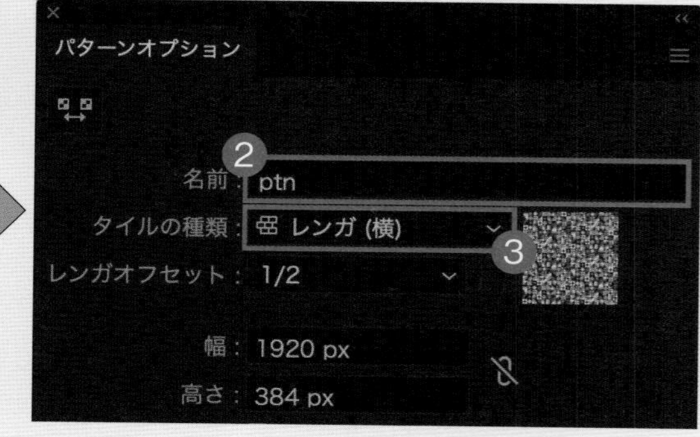

サンプル[039_base.ai]を開きます。このサンプルはパターンの原型を[ptn_01]、空のレイヤーを[ptn_02]というレイヤー名で配置しています。[選択ツール]でグレーで構成されたパターンの原型を選択します❶。メニューバーから[オブジェクト]-[パターン]-[作成]をクリックします。[パターンオプション]パネルを[名前:ptn]❷、[タイルの種類:レンガ(横)]とし❸、上部の[完了]をクリックしてパターンを登録します。

2 四角形を配置してパターンを適用

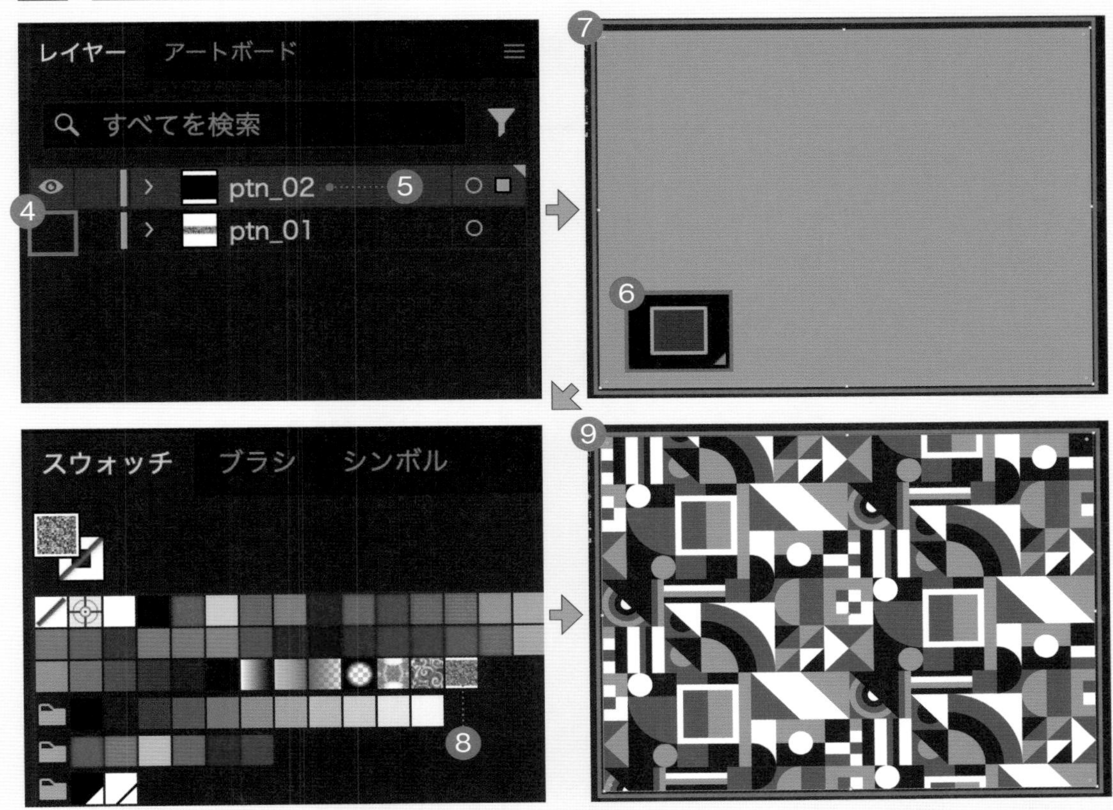

[ptn_01]レイヤーを非表示にします❹。[ptn_02]レイヤーを選択して❺、[長方形ツール]で❻アートボードを覆うように四角形を配置します❼。[スウォッチ]パネルで[ptn]スウォッチを選択して❽、パターンを適用しましょう❾。

3 ランダムに配色を生成

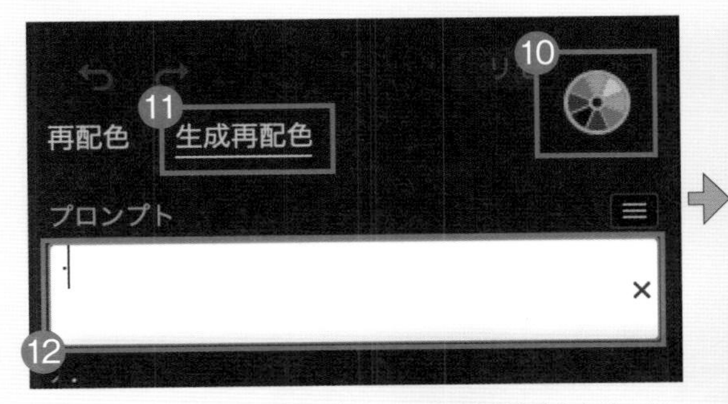

コントロールパネルの[オブジェクトを再配色]をクリックして❿、表示されたダイアログから[生成再配色]を選択します⓫。プロンプトを「.」と入力して⓬、[生成]をクリックします。なお、サンプルプロンプトから選んでも、好きなワードを入力しても構いません。ランダムな配色を試みたいので「.」と入力しています。配色が生成されたら⓭、バリエーションからイメージに近い候補を選択して完成です。

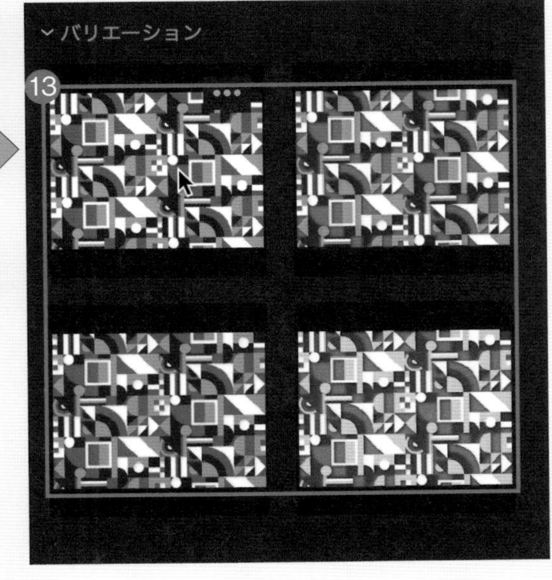

040

Illustrator

生成したベクターで素早くモックアップを作成

操作動画

Illustratorのベクター生成で作成したオブジェクトを［モックアップ］で写真になじませます。［モックアップ］は写真に合わせて形状を変形する機能で、Tシャツ以外にもカードやボックスなど様々なモックアップの制作に役立ちます。さらに変形したオブジェクトを描画モードの［乗算］でなじませます。

After

Before

Prompt

シンプルな赤いロボット

Hint

▼サンプル：040_hint.psd

Webアプリで生成した画像を使ってみよう

Illustratorのモックアップを使用すると名刺やパッケージなどの画像に合わせてベクターアートを非破壊で適用することが可能です。この作例ではあらかじめ用意した人物画像のTシャツに合わせてモックアップを適用しましたが、FireflyのWebアプリでモックアップ画像を生成することも可能なので、生成した画像をもとにロゴを配置してみましょう。

左の画像はFireflyのWebアプリでプロンプトを「机に置かれた1つの紙コップ、カフェ」、コントロールパネルの［効果］にある［ライト:スタジオ照明］［合成:浅い被写界深度］とし生成。

1 図形を作成してベクターを生成

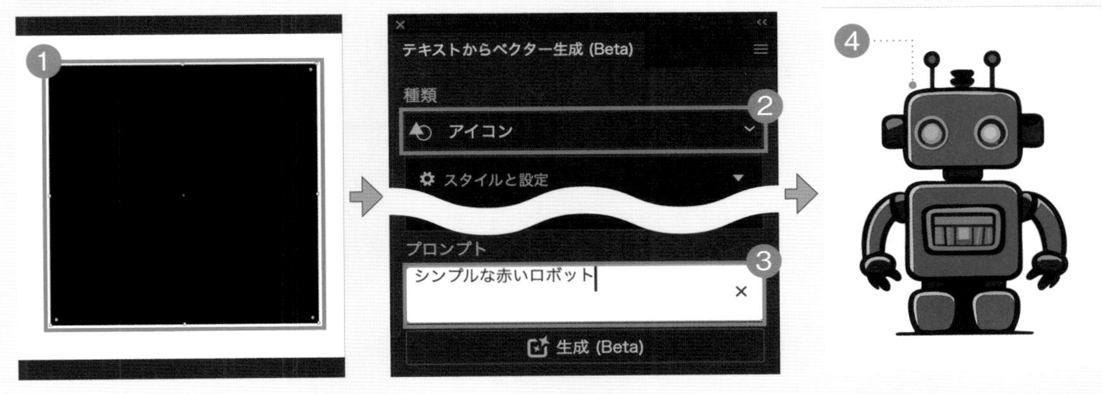

サンプル[040_base.ai]を開き、[レイヤー]パネルで[illust]レイヤーを選択します。[長方形ツール]で四角形を作成しましょう❶。[テキストからベクター生成]パネルで[種類:アイコン]にし❷、プロンプトに「シンプルな赤いロボット」と入力して❸、生成します❹。

2 生成したオブジェクトをモックアップ機能で調整して配置

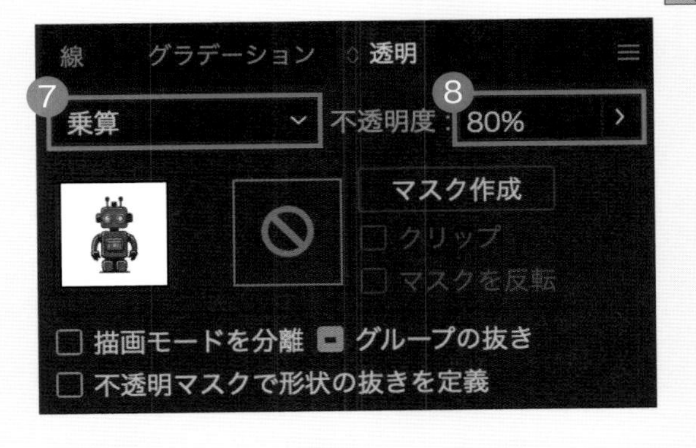

[レイヤー]パネルで[photo]レイヤーを表示し、[選択ツール]で生成したオブジェクトと人物の写真の両方を選択します❺。メニューバーから[オブジェクト]-[モックアップ]-[作成]をクリックします。生成したベクターを移動すると、画像内のオブジェクトの形状に合わせてアートが自動調整されます。生成したロボットのオブジェクトを移動し、ハンドルをドラッグしてサイズを調整して配置しましょう❻。ロボットのオブジェクトを[透明]パネルで[描画モード:乗算]❼、[不透明度:80%]にしたら❽、完成です。

041

Illustrator

落書きアート風のシンプルな装飾を一気に生成

操作動画

Illustratorのベクター生成で落書き風のパーツを生成して写真を装飾します。このような表現は「Doodle Art」(落書きアート)と呼ばれ、若々しさや元気な印象を表現するためのデザインによく用いられております。プロンプトに「様々な」と付けると複数のオブジェクトが生成される可能性が高まるので、複数のパーツを一度に生成して時短につなげましょう。

Before

Prompt

様々な手書きのシンプルな装飾、白黒、線画、花、ハート、星、王冠、矢印

1 四角形を配置してベクターを生成

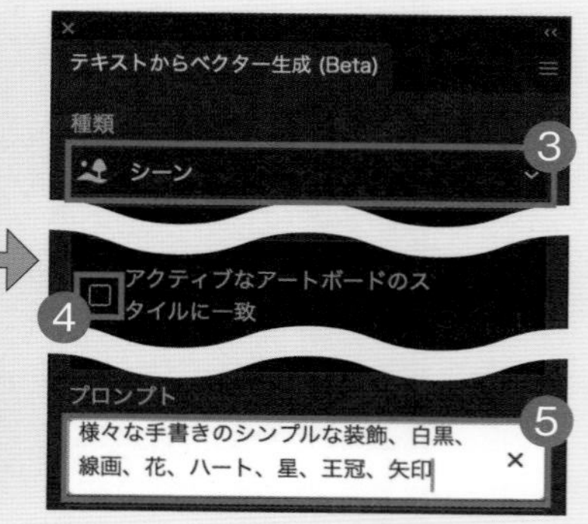

サンプル[041_base.ai]を開き、[レイヤー]パネルで[doodle]レイヤーを選択します。[長方形ツール]を選択し❶、[ILLUST]アートボードを覆うように四角形を配置しましょう❷。[テキストからベクター生成]パネルで[種類:シーン]❸、[アクティブなアートボードのスタイルに一致:オフ]にし❹、プロンプトに「様々な手書きのシンプルな装飾、白黒、線画、花、ハート、星、王冠、矢印」と入力して❺、[生成]をクリックします。

2 黒のオブジェクトを選択して切り取り同じ位置に貼り付け

ベクターが生成されたら❻、バリエーションから近い候補を選択し、[パスファインダー]パネルで[合流]をクリックします❼。[ダイレクト選択ツール]で❽、オブジェクトの黒の領域の一部分をクリックして選択します❾。メニューバーから[選択]-[共通]-[カラー(塗り)]をクリックして、ドキュメント上の、黒の塗りのオブジェクトをすべて選択します。この状態でcommand＋Xキー(WindowsはCtrl＋Xキー)を押して、カットします❿。残ったオブジェクトを選択して⓫、削除したら、shift＋command＋Vキー(Windowsはshift＋Ctrl＋Vキー)を押して同じ位置に貼り付けます⓬。

3 塗りを白にして写真に配置

オブジェクトの[塗り]を白[#ffffff]にして⓭、[選択ツール]でテキストやオブジェクトを写真に配置します。大きいオブジェクトを先に並べるとレイアウトのバランスがとりやすくなります。これで完成です。

042 Illustrator

ベクター生成のパターンでバナーの背景を作る

操作動画

Illustratorのベクター生成の[パターン]を活用して背景を生成し、バナー制作に役立てます。ベクター生成で選べる種類の1つ「パターン」は、プロンプトで指定したキーワードとそれに関連したオブジェクトで構成されたシームレスなパターンを生成する機能です。パターンの細かい指定方法を見ていきましょう。

After

Before

Prompt

シンプルな葉っぱ

Hint

「カラーコントロール」で生成結果を調節！

ベクター生成の[種類:パターン]とすると、[カラーコントロール]のボタンが表示されます。[プリセット]から色味を選択でき、[上限]で使用するカラーの最大数を指定できます。[カラーを指定]をクリックすると、スウォッチから色を選択できます。用途によりますが、4～6色あたりに色数を絞ったほうが、イメージに近い印象になります。

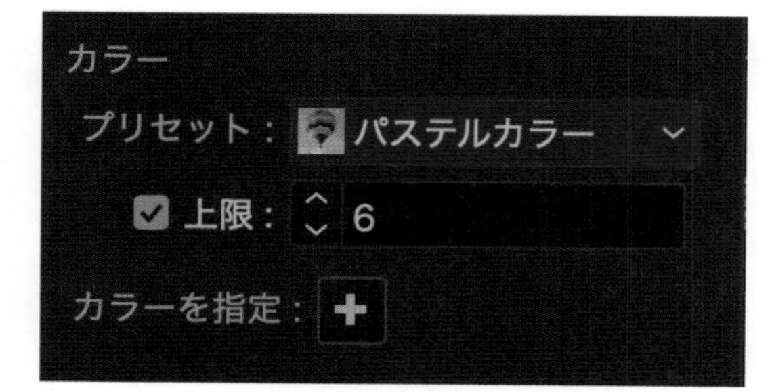

1 カラーコントロールを設定し、パターンを生成

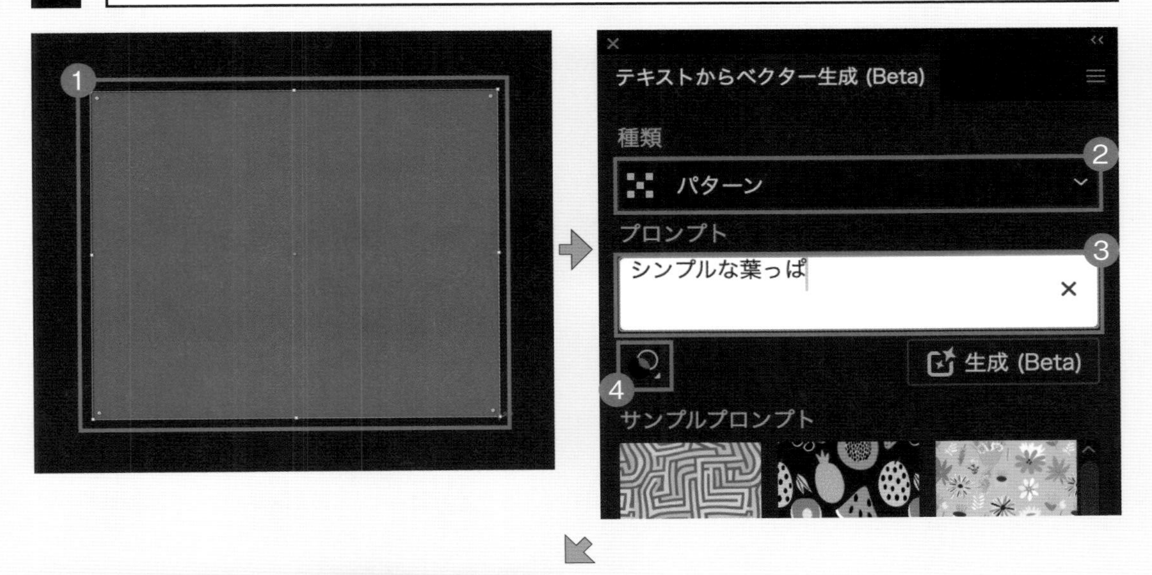

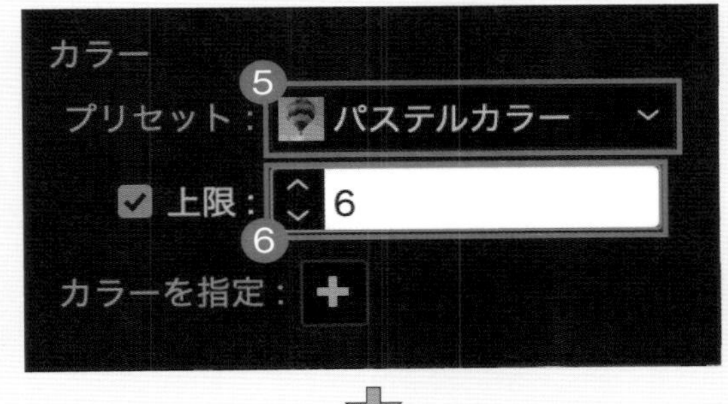

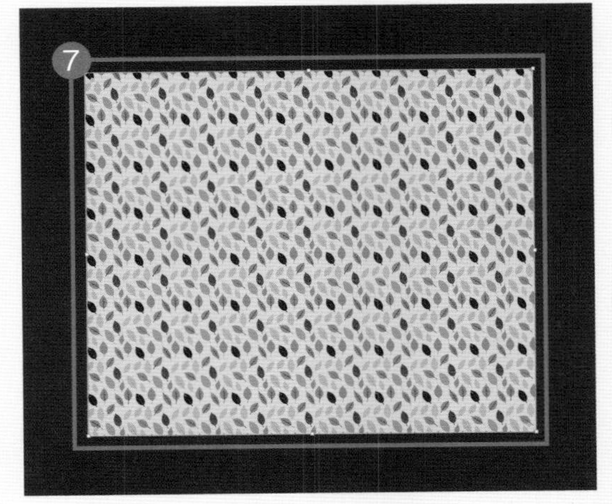

サンプル[042_base.ai]を開きます。このデータは、後の工程で使用するバナーのテキスト、人物の切り抜きなどを配置した[txt][photo][bg_02]は一旦非表示にしています。

[レイヤー]パネルで[bg_01]レイヤーを選択し、[長方形ツール]でアートボードを覆うように四角形を配置します❶。[テキストからベクター生成]パネルで[種類:パターン]を選択し❷、プロンプトを「シンプルな葉っぱ」と入力しましょう❸。そして、[カラーコントロール]をクリックし❹、[プリセット:パステルカラー]❺、[上限:6]❻とします。このまま[生成]をクリックして、パターンを生成したら❼、バリエーションからイメージに近い候補を選択します。

2 ［拡大・縮小］ツールで生成したパターンを拡大

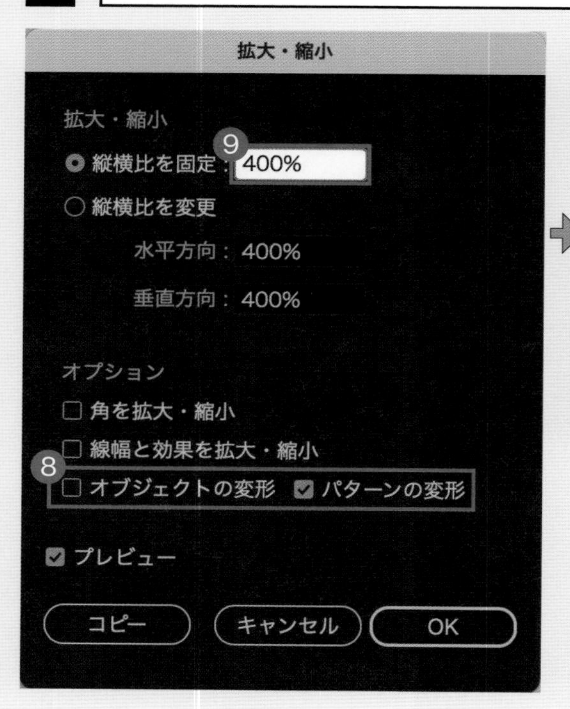

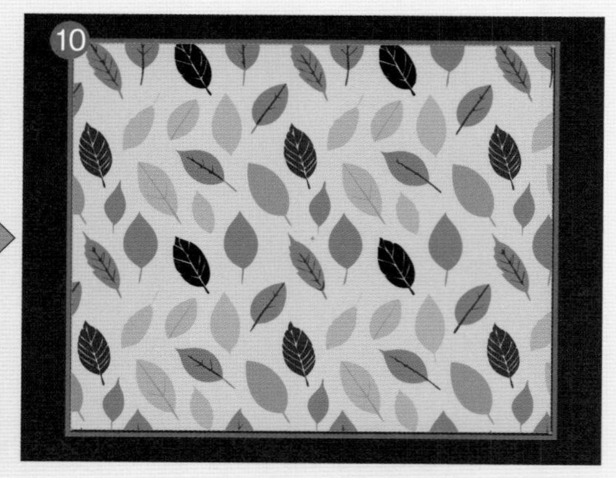

ツールバーで［拡大・縮小ツール］をダブルクリックし、［拡大・縮小］ダイアログを表示します。［パターンの変形］にチェックを入れ、［オブジェクトの変形］はチェックをはずします❽。［縦横比を固定:400%］とし❾、［OK］をクリックして、パターンを拡大します❿。なお、パターンの比率は生成されたパターンとバナーのイメージに合わせて調整してください。

3 生成したパターンに合わせて座布団の色を調整

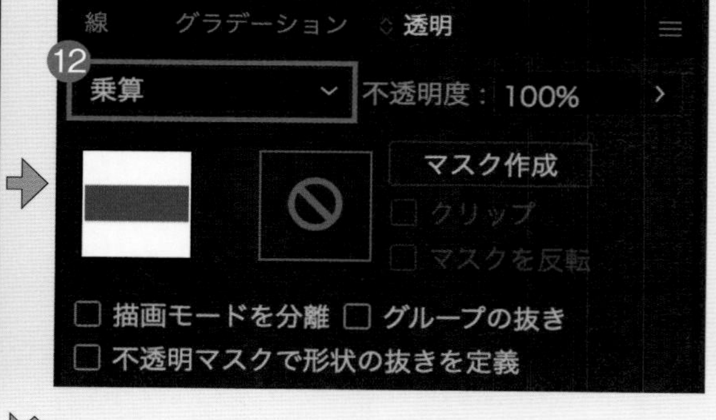

［レイヤー］パネルで［bg_02］［txt］レイヤーを表示します⓫。［bg_02］レイヤーの座布団（中央の長方形）の色を変更しましょう。ここでは［スポイトツール］を使って、緑の葉っぱの色を抽出して［#607566］としましたが視認性と生成されたパターンの配色を考慮し、適宜調整してください。［スポイトツール］でパターンの任意の箇所の色を抽出する場合は shift キーを押しながらクリックします。続けて、［透明］パネルで描画モードを［乗算］にします⓬。

4 生成したパターンに合わせて文字の色を調整

文字の色も調整します。[ダイレクト選択ツール]で1段目の「Beauty」を選択して、色を変更しましょう。ここでは[スポイトツール]を使って⑬、ピンクの葉っぱの色を抽出し、[#D7AFAE]に変更しました⑭。2〜3段目の文字も変更します。ここではパターンの背景の色を抽出し、[#DFD8D8]としました⑮。

5 [photo]レイヤーに合わせてパターンを移動

[レイヤー]パネルで[photo]レイヤーを表示します⑯。表示した[photo]レイヤーに合わせてパターンを移動しましょう。パターンの移動は、パターンを選択して~キーを押しながらドラッグします。これで完成です。

043 Illustrator

ベクター生成を使ったロゴ制作

操作動画

Illustratorのベクター生成で生成したオブジェクトを組み合わせてアウトドア風のロゴを作成します。ベクター生成はとても大きな可能性を秘めており、ツールやデザインに関する知見を組み合わせることで表現の幅を広げたり効率化につながります。ここではその一例としてロゴを作成する流れを見てみましょう。

Arrange

After

Prompt

山、白黒

夕焼け空

飛んでいるワシ

1 四角形を作成して白黒の山を生成

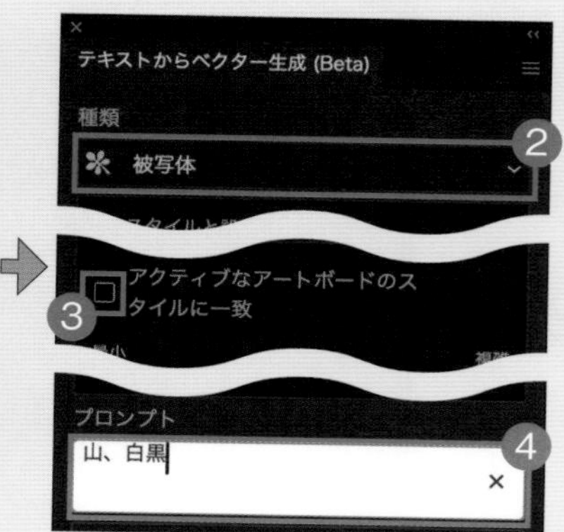

[043_base.ai]を開きます。このサンプルはロゴを[logo]というレイヤー名で一旦非表示にしています。[body]レイヤーを選択し、[長方形ツール]で四角形を作成します❶。[テキストからベクター生成]パネルで[種類:被写体]❷、[アクティブなアートボードのスタイルに一致]をオフにして❸、プロンプトを「山、白黒」と入力して❹生成しましょう。

2 生成結果の背景を削除

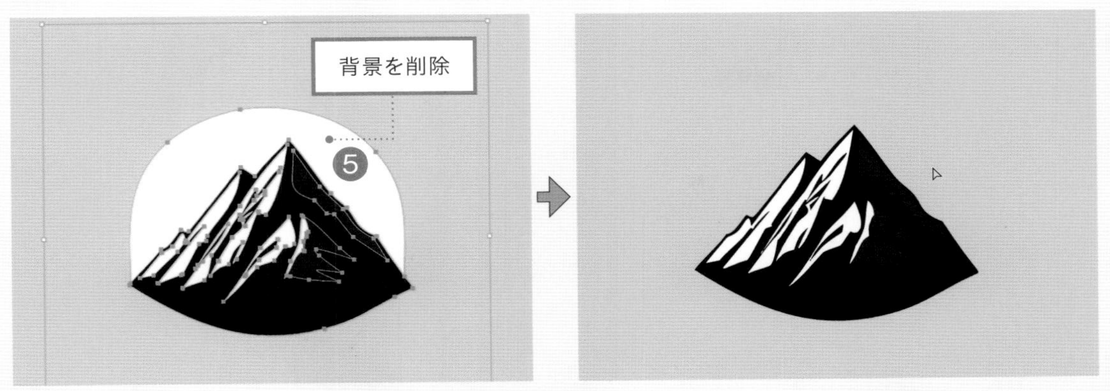

バリエーションからイメージに近い候補を選択し、[ダイレクト選択ツール]でオブジェクトの背景を選択して削除しましょう❺。背景が生成されていなければこの工程は必要ありません。

3 ワシを生成して背景を削除

[長方形ツール]で長方形を2つ作成し、[選択ツール]で上の長方形を選択します❻。[テキストからベクター生成]パネルで[種類:被写体]を選択し、「飛んでいるワシ」とプロンプトを入力して生成します。生成されたら、[パスファインダー]パネルで[合流]をクリックし❼、同じ色のオブジェクトをまとめます❽。山のイラストと同様に、[ダイレクト選択ツール]でオブジェクトの背景を選択して削除しましょう❾。[パスファインダー]パネルから[合体]をクリックし❿、[塗り]を黒[#000000]にします⓫。

4 夕焼け空を生成して正円でクリッピングマスク

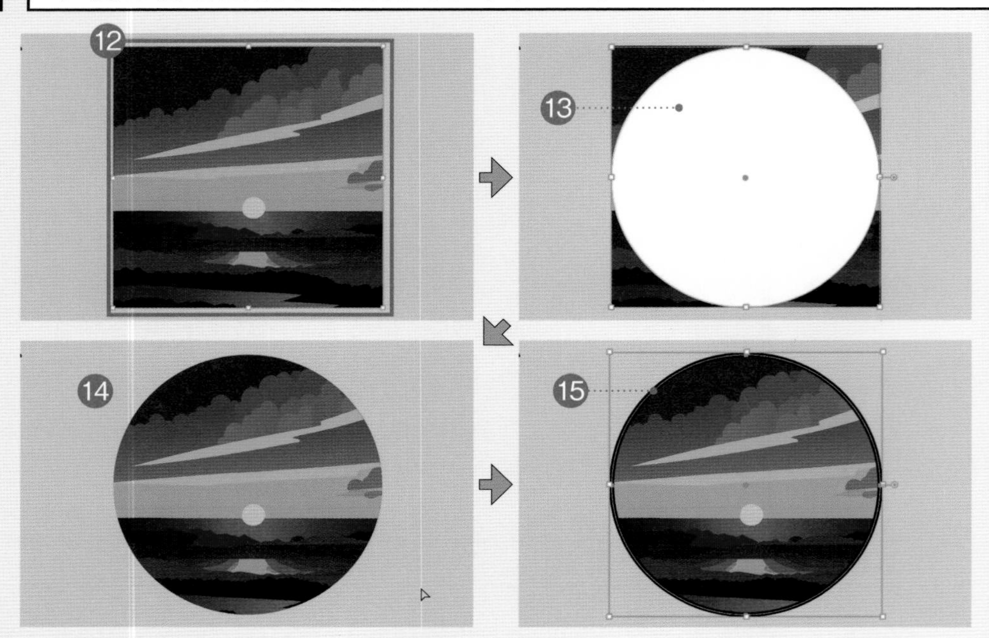

[選択ツール]で下の長方形を選択します。[テキストからベクター生成]パネルで[種類:シーン]、[アクティブなアートボードのスタイルに一致]をオフに、「夕焼け空」とプロンプトを入力して生成します⑫。[楕円形ツール]で夕焼け空のオブジェクトの大きさに合わせて正円を配置し⑬、右クリックして円をコピーしておきます。[選択ツール]で夕焼け空と円の両方を選択して、右クリックしコンテキストメニューから[クリッピングマスクを作成]をクリックします。これで夕焼け空が円形にマスクされます⑭。先ほどコピーした正円をcommand+Fキー(WindowsはCtrl+Fキー)を押して前面へペーストし、塗りをなくして線を黒[#000000]に変更して、[線幅:10pt]とします⑮。[選択ツール]で正円と夕焼け空を選択し、右クリックして[グループ]をクリックします。

5 [logo]レイヤーを表示

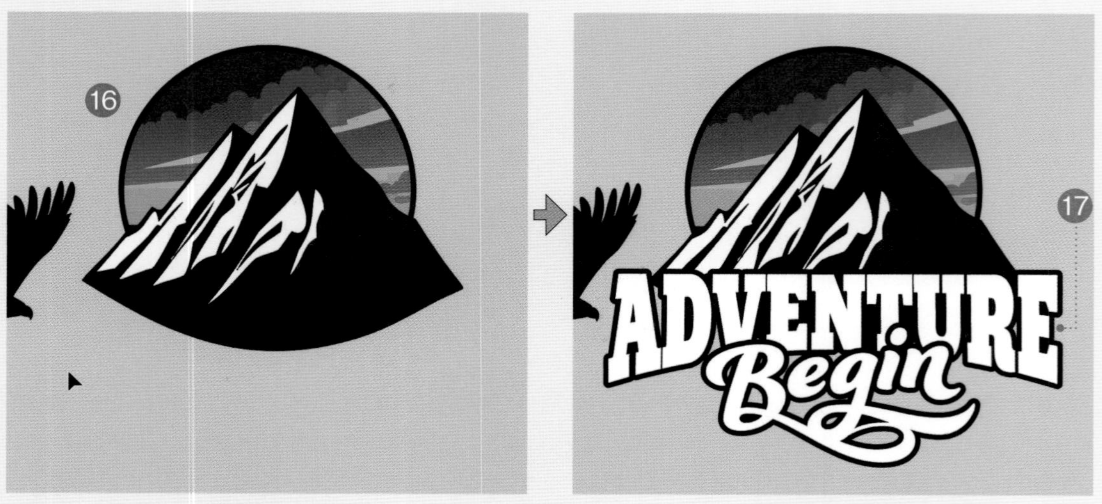

[選択ツール]で山と夕焼け空を配置します。コンテキストタスクメニューの[重ね順]などの調整で山を夕焼け空の前に配置します⑯。[レイヤー]パネルで[logo]レイヤーを表示し、山のオブジェクトの下に配置しましょう⑰。

6 文字の色を調整してパス上文字を入力

文字の色をそれぞれ夕焼け空からスポイトで抽出して、色を変更します⑱。この例では線の色はそのまま、塗りの色を「ADVENTURE」は[#FFB97E]、「Begin」は[#E27299]としましたが、生成されたベクターに応じて適宜調整してください。また、[オブジェクトを再配色]で明度を調整し、夕焼け空全体を明るくしています。続いて、夕焼け空よりも大きい円を作成して⑲[パス上文字ツール]で⑳「COME OUT & SEE THE WORLD」と入力します㉑。フォントは[Urbana Semibold]とし、フォントサイズ[80pt]、文字のトラッキングを[170]としましたが、円の大きさに応じて適宜調整してください。最後に、[選択ツール]でワシの大きさを調整して、配置したら完成です。

Hint

ベクター生成で制作効率やクオリティをアップ！

ベクター生成は制作の効率化やクオリティの向上につながる可能性を秘めています。ただ、どんなに便利になってもデザインに関する知識やツールに対する造詣が深いに越したことはありません。AIに任せる部分、自分で手を動かす部分の線引きを把握することが効率化につながります。AIと共創することで表現の幅を広げましょう。

044 Illustrator

飛散したペンキを生成してタイポグラフィを彩る

操作動画

Illustratorのベクター生成でテクスチャを生成して文字を装飾します。ペンキが垂れたような文字にするため[ワープツール]で文字を加工して生成したテクスチャにマスクします。このようなテクスチャを描くのは時間が掛かりますが、ベクター生成を活用することで効率的に作成しましょう。

Arrange

Before

Prompt

飛散した様々な色のペンキ

1 テキストをアウトライン化

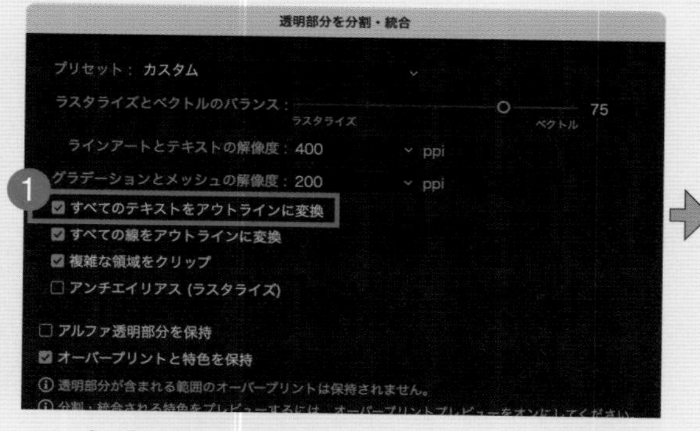

サンプル[044_base.ai]を開きます。「GOOD」「VIBES」という2つのテキストから構成していて、「GOOD」は[文字タッチツール]で大きさ・配置の調整、「VIBES」はアピアランスのワープで形状を調整しています。
[選択ツール]で2つのテキストを選択し、メニューバーから[オブジェクト]-[透明部分を分割・統合]をクリックします。[すべてのテキストをアウトラインに変換]にチェックを入れ❶、テキストをアウトライン化します❷。

2 テキストを変形してオブジェクトを1レイヤーにまとめる

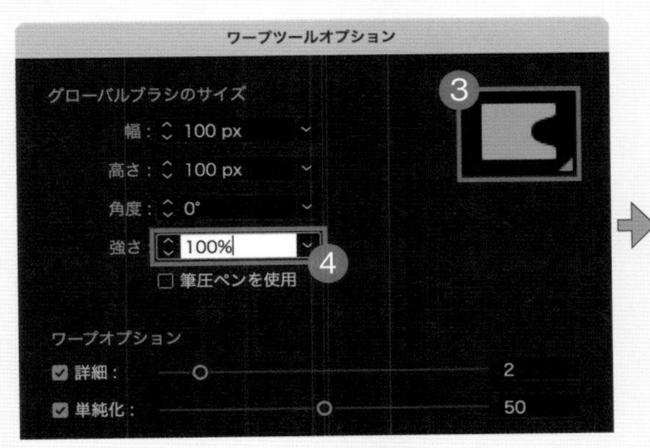

[ワープツール]を選択して❸、ツールバーで[ワープツール]のアイコンをダブルクリックします。ダイアログで[強さ:100%]とします❹。この状態で、テキストの下の境界より少し上あたりから下にドラッグして、ペンキが垂れたように変形します❺。テキストの加工が終わったら、メニューバーから[オブジェクト]-[複合パス]-[作成]をクリックし、後の工程でマスクを掛けるため1レイヤーにまとめます。

3 ベクターを生成してクリッピングマスクを作成

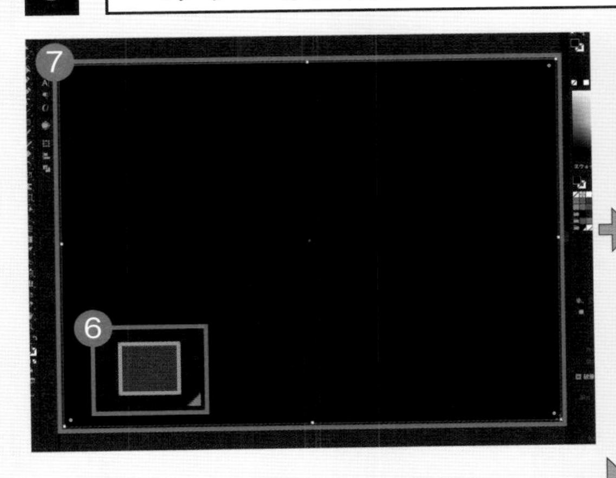

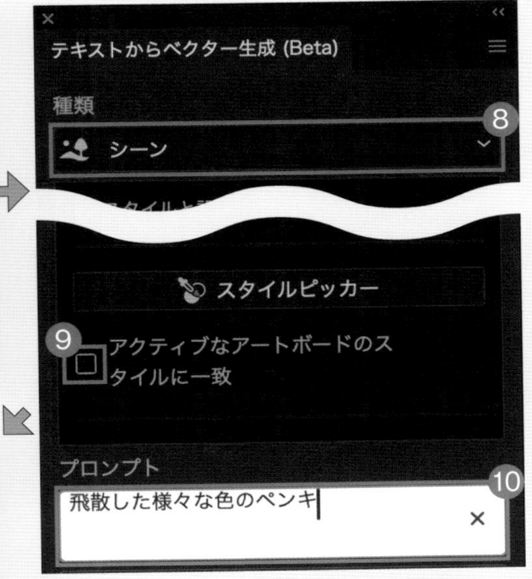

[長方形ツール]で❻、アートボードを覆うように四角形を作成します❼。[テキストからベクター生成]パネルで[種類:シーン]を選択し❽、[アクティブなアートボードのスタイルに一致]のチェックをオフにし❾、[飛散した様々な色のペンキ]とプロンプトを入力して❿、生成します。ペンキのオブジェクトを右クリックし、[重ね順]-[最背面へ]をクリックし、最背面に移動します⓫。[選択ツール]でペンキとテキストの2つのオブジェクトを選択し、右クリックで[クリッピングマスクを作成]をクリックしたら、完成です。

045 Webアプリ Illustrator

参照画像を使ってベクター生成のテイストをコントロール

操作動画

Illustratorのスタイルピッカーを使ってオブジェクトを生成します。スタイルピッカーはWebアプリの参照画像と同様に、画像やベクターを参照先としてテイストをコントロールする機能です。参照する場合としない場合でベクター生成の結果がどのように変わるのか見ていきましょう。

After

Before

Prompt

バラの花、シンプルな背景

1 Webアプリでバラの画像を生成

フラット

FireflyのWebアプリで画像を生成しておき、[参照画像ギャラリー]❶で[フラット]の中央のサムネイルを選択します❷。プロンプトを「バラの花、シンプルな背景」と入力して、画像を生成し❸、イメージに近い候補を選択してダウンロードしましょう。

2 続けて、テイストの異なるバラの画像を生成

同様に、バラの画像を生成します。[参照画像ギャラリー]で[フラット]の右のサムネイルを選択し❹、画像を生成しましょう❺。イメージに近い候補を選択してダウンロードしてください。

3 スタイルピッカーを使ってベクター生成

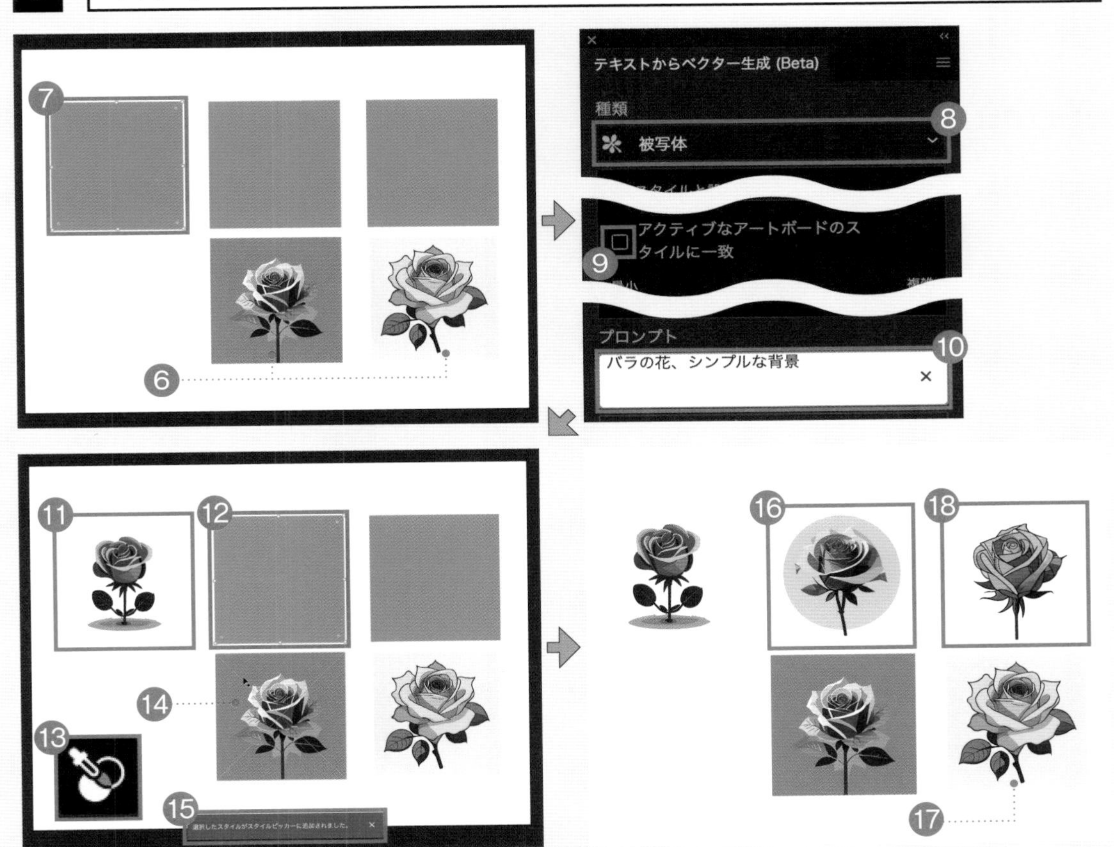

サンプル[045_base.ai]を開き、ダウンロードした画像に置き換えましょう❻。まずは比較用にスタイルピッカーを使わないベクター生成を行います。左の長方形を選択し❼、[テキストからベクター生成]パネルで[種類:被写体]❽[アクティブなアートボードのスタイルに一致]をオフにして❾、プロンプトを「バラの花、シンプルな背景」と入力して❿、生成します⓫。次は、スタイルピッカーを使って生成します。中央の長方形を選択します⓬。[テキストからベクター生成]パネルの[スタイルピッカー]をクリックして⓭、中央の画像をクリックします⓮。ウィンドウの下部に[選択したスタイルがスタイルピッカーに追加されました。]という表示が出たら⓯、抽出は完了です。そのまま[テキストからベクター生成]パネルで同じプロンプトのまま[生成]をクリックします。[スタイルピッカー]を用いたことで、生成した画像のテイストに近いバラの花が生成されます⓰。右の長方形も同様に[スタイルピッカー]を使って右の画像⓱からスタイルを抽出してバラの花を生成したら⓲、完成です。

046

Illustrator

スタイルピッカーを使ったベクター生成で作る水彩イラスト

操作動画

Illustratorのスタイルピッカーを使って水彩風イラストを生成して収穫祭の招待状を作成します。水彩イラストはスタイルピッカーと相性が良く、Fireflyで出力した水彩画像をもとに水彩風の野菜を出力します。青いバラと赤いバラを使い分けて野菜の色味をコントロールするのがこの作例のポイントです。

After

Prompt

水彩、カブ

水彩、ブロッコリー

水彩、トマト

Hint

参照画像とスタイルピッカーの組み合わせが便利！

FireflyのWebアプリで提供されている[参照画像]を使ってイメージに近い画像を生成し、Illustratorの[スタイルピッカー]でその画像を抽出すると、ベクター生成の見た目をある程度コントロールできます。この組み合わせは便利なので積極的に活用してみましょう。また、[参照画像]を使って生成する際、[参照画像]のイメージが強く出てしまっている場合はプロンプトを調整するか、34ページで紹介した[強度]を調整してみましょう。この作例では[強度]を下げています。

参照画像ギャラリーの[水彩画]にあるこの画像を選択して生成

水彩画

スタイル

強度

[強度]を下げる

一輪の赤いバラ、白い背景

一輪の青いバラ、白い背景

1 スタイルピッカーを使ってベクターを生成

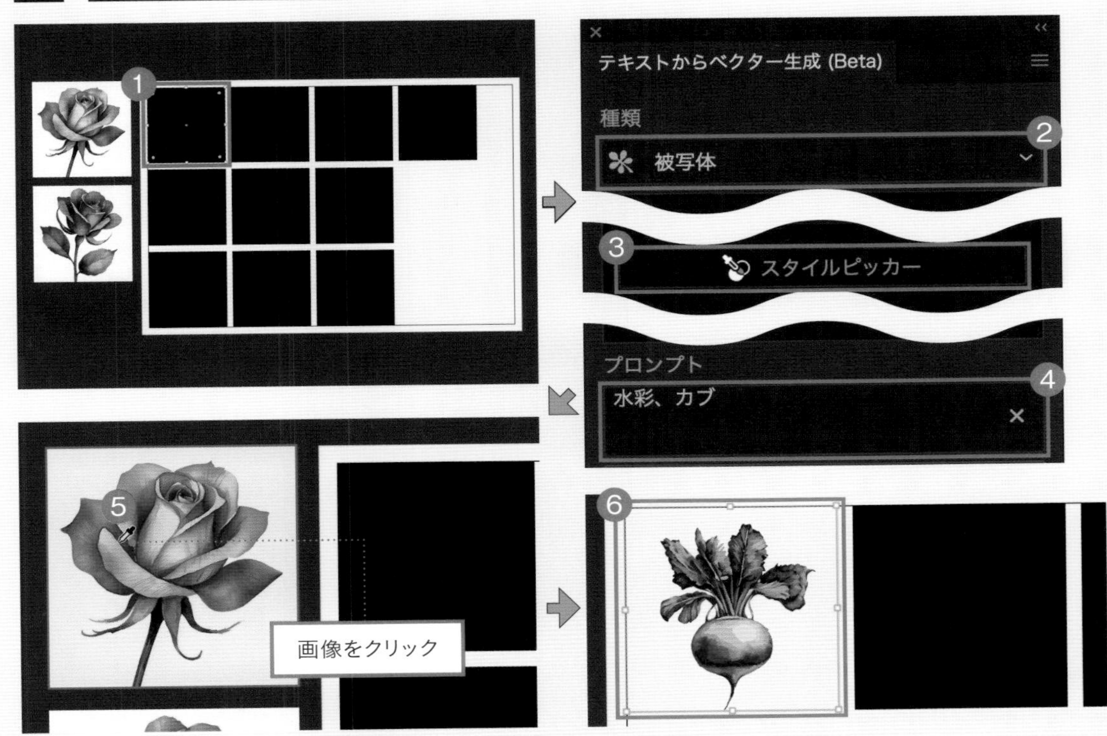

サンプル[046_base.ai]を開きます。FireflyのWebアプリで参照画像をもとに生成した画像をドキュメントに配置し、アートボードにあらかじめ四角形を配置したところからスタートします。[選択ツール]で四角形を1つ選択します❶。[テキストからベクター生成]パネルで[種類:被写体]にし❷、プロンプトに「水彩、カブ」と入力します❸。スタイルピッカーを選択して❹、青いバラをクリックし、❺[生成]をクリックします。生成されたら❻、バリエーションからイメージに近い候補を選択しましょう。

2 青いバラを参照している状態でベクターを生成

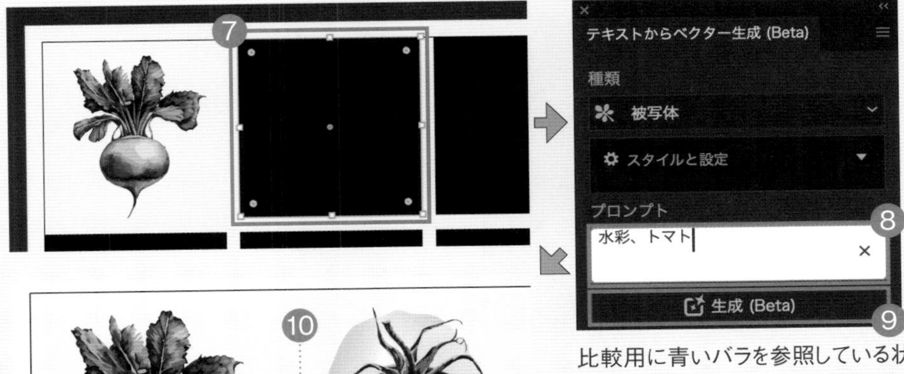

比較用に青いバラを参照している状態でベクターを生成します。別の四角形を選択して❼「水彩、トマト」とプロンプトを入力して❽、[生成]をクリックします❾。この場合、青(緑)要素の多いトマトになります❿。ちなみに「水彩、赤いトマト」と入力してもくすんだ色味になる傾向があります。

3 赤いバラを参照してベクターデータに変換

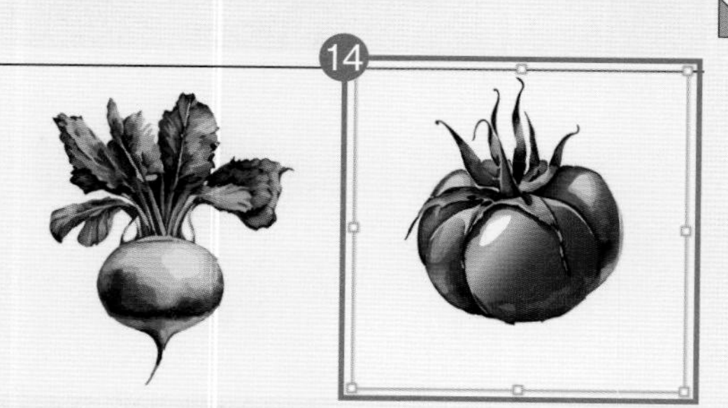

次に赤いトマトの画像を生成してみましょう。トマトを生成した四角形を選択した状態で⓫、スタイルピッカーをクリックします⓬。赤いバラをクリックして⓭、生成します⓮。このようにスタイルピッカーで参照する画像を使い分けることで、生成結果の見た目をある程度コントロールできます。

4 参照先を使い分けベクターデータを生成

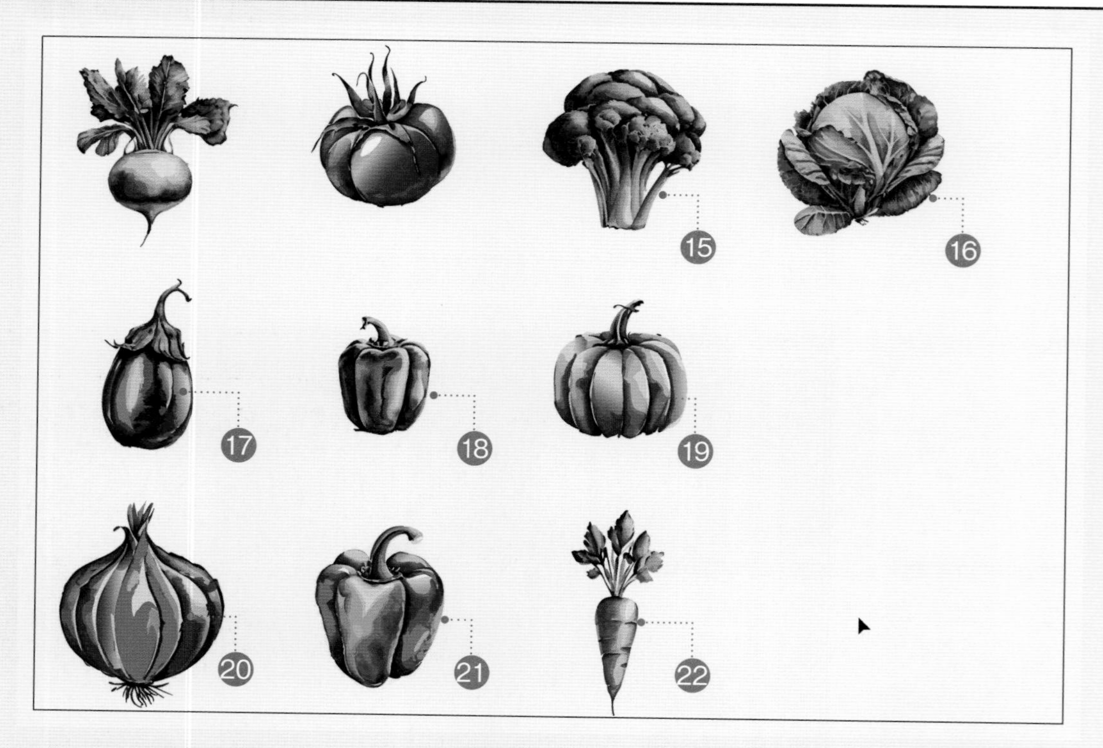

以降、暖色系の色にしたい場合は赤いバラを、寒色系の色にしたい場合には青いバラにして、参照先を使い分けベクターを生成します。プロンプトは、⓯は「水彩、ブロッコリー」、⓰は「水彩、キャベツ」、⓱は「水彩、ナス」、⓲は「水彩、ピーマン」、⓳は「水彩、かぼちゃ」、⓴は「水彩、玉ねぎ」、㉑は「水彩、パプリカ」、㉒は「水彩、人参」です。

5 パターンを作成してスウォッチに登録

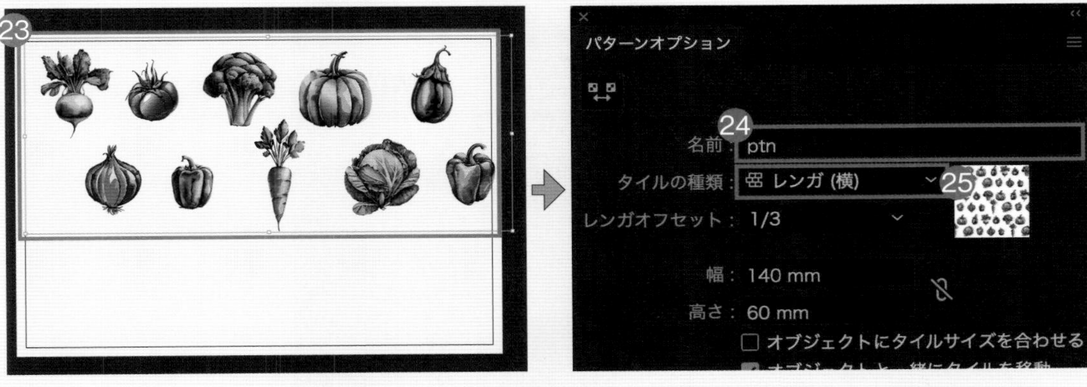

[選択ツール]でベクターを選択して、生成した野菜を5個×2行に並べ替えます㉓。野菜をすべて選択して、メニューバーから[オブジェクト]-[パターン]-[作成]をクリックします。[パターンオプション]パネルを[名前:ptn]㉔、[タイルの種類:レンガ(横)]とし㉕、[オフセット][幅][高さ]を適宜調整して、上部の[完了]をクリックしてパターンを登録します。

6 四角形を配置してパターンを適用

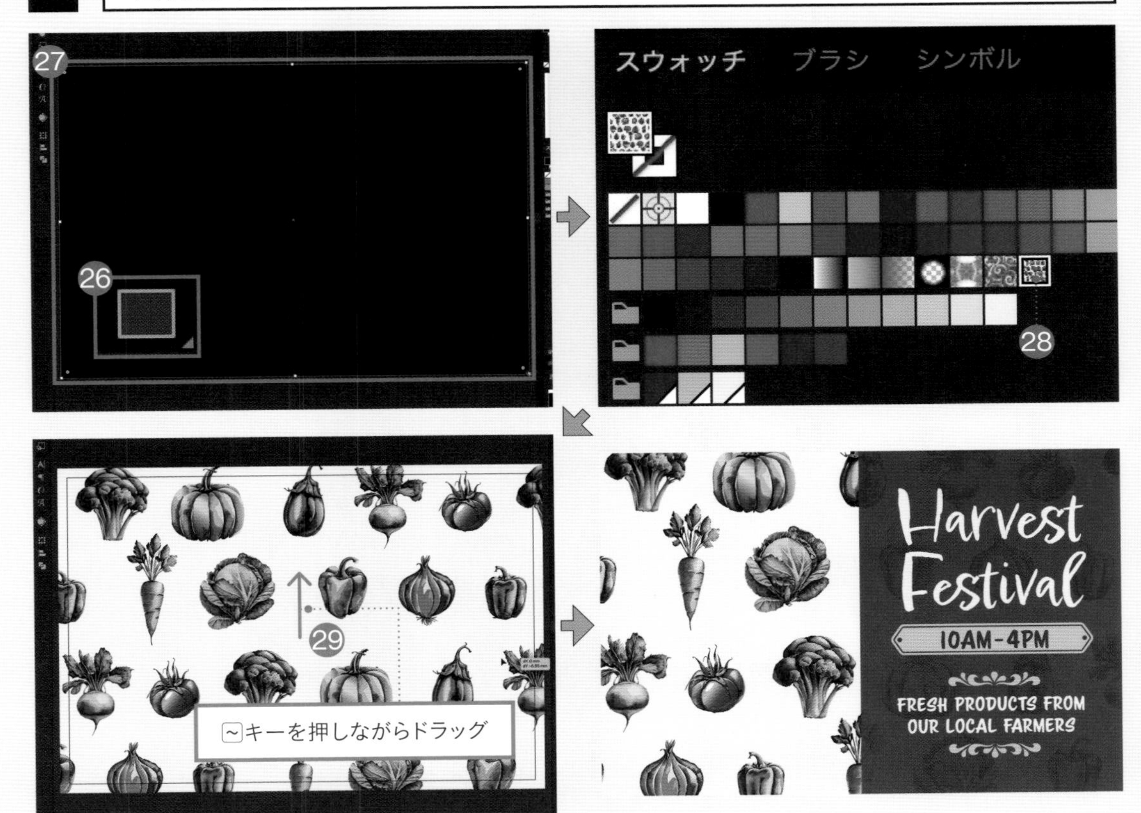

[レイヤー]パネルで[illust]レイヤーを非表示にします。[新規レイヤーを作成]をクリックし、レイヤー名を[ptn]として、[illust]レイヤーの上に配置します。[長方形ツール]で㉖アートボードを覆うように四角形を配置します㉗。[スウォッチ]パネルから[ptn]スウォッチを選択しましょう㉘。[選択ツール]で~キーを押しながらドラッグしてパターンの配置を調整し㉙、[txt]レイヤーを表示したら完成です。

Webアプリで生成した ペン画イラストをベクターに変換

操作動画

FireflyのWebアプリで生成したペン画をPhotoshop・Illustratorを使ってベクター化します。34ページで紹介したFireflyの参照画像を用いることで、イメージに近い生成を行ってくれる傾向にあります。Fireflyで出力した画像をベクター化して、イラストの使い勝手を良くしましょう。

Arrange

After

Prompt

コーヒーカップ

1 Webアプリでコーヒーカップの画像を生成

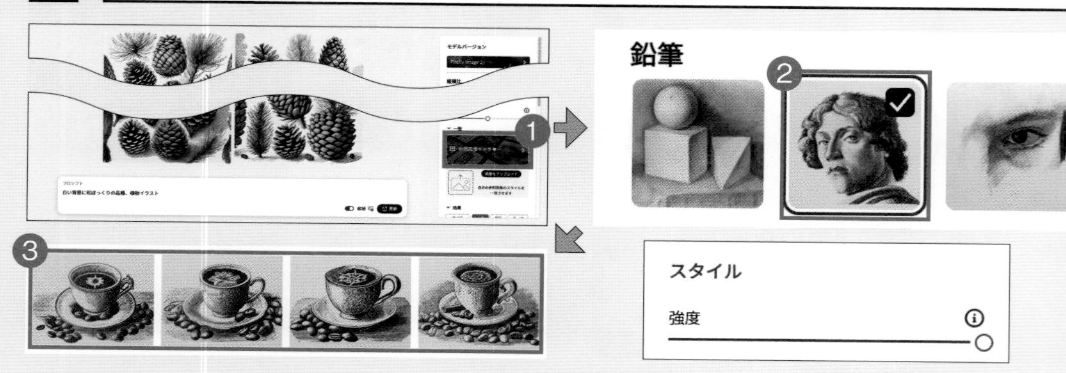

FireflyのWebアプリで画像を生成しておき、[参照画像ギャラリー]❶で[鉛筆]の上段中央のサムネイルを選択します❷。「コーヒーカップ」とプロンプトを入力して、画像を生成し❸、イメージに近い候補を選択してダウンロードしましょう。生成結果がイメージ通りにならない場合はプロンプトを調整するか、34ページで紹介した[強度]を調整してみましょう。この作例では[強度]を上げています。

2 Photoshopで読み込み不要な部分を白で塗る

生成した画像をダウンロードしてPhotoshopで開きます❹。見本の画像で行う場合は、サンプル[047_base.psd]を開いてください。[レイヤー]パネル下部の[新規レイヤーを作成]をクリックして、レイヤー名を[hidden]にします❺。

[ブラシツール]を選択して[ブラシプリセットピッカー]で[ハード円ブラシ]を選択します❻。[直径]は調整しやすいサイズにしておきましょう。描画色は白[#FFFFFF]にします。この状態のブラシでコーヒーカップ以外の部分を塗りつぶしましょう❼。

3 2つのレイヤーを選択してCCライブラリに追加

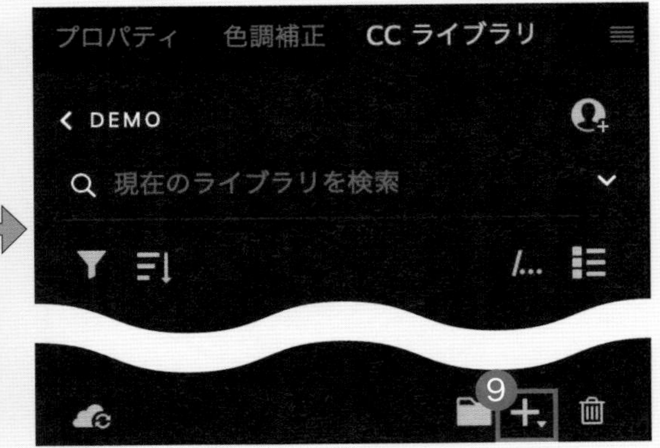

[レイヤー]パネルで[hidden][背景]の2レイヤーを選択します❽。[CCライブラリ]パネルで任意のライブラリを選択(または作成)し、下部の[＋]から[画像]をクリックして❾、ライブラリに追加します。2つのレイヤーを選択して[CCライブラリ]パネルの[画像]を選択すると、2枚を重ねた画像をライブラリに追加できます。

4 追加したグラフィックをアートボードに配置

Illustratorで[047_base.ai]を開き、[レイヤー]パネルで[illust]レイヤーを選択します。[CCライブラリ]パネルから追加したグラフィックを右クリックし、[リンクを配置]をクリックして⑩、アートボードに配置します⑪。

5 配置したグラフィックを画像トレース

画像を選択した状態でコントロールパネルで[画像トレース]をクリックします⑫。[画像トレース]パネルで[カラーモード：白黒]にし⑬、[単純化]⑭と[カラーを透過]⑮にチェックを入れます。

6 トレース結果をパスに変換

コントロールパネルで[拡張]をクリックします⑯。トレースした画像がパスに変換されます⑰。これで完成です。

Hint

参照画像を変えて様々なテイストで生成してみよう

この作例ではペン画イラストを参照画像としてベクター化する方法を紹介しましたが、FireflyのWebアプリでは他にも様々なプリセットが用意されています。別のアイデアとして同じプロンプトで参照画像を変更した4つの作例を紹介します。また、182ページの付録に「バラの花、シンプルな背景」というプロンプトで参照画像をピックアップしてまとめているのでご参照ください。

■アクリルとオイル

■幾何学的

■ドラマチックな照明

■写真スタジオ

048 Webアプリ Illustrator

参照画像を使ってロゴを生成しベクターに変換

操作動画

FireflyのWebアプリの参照画像を使ってスタンプのテイストをコントロールします。162ページでプリセットの画像を参照して生成しましたが、今回はオリジナルの画像を参照します。白黒のテキスト画像を参照してライオンのスタンプを出力し、Illustratorでベクター化する一連の流れをこちらの作例で試してみましょう。

Arrange

After

Prompt

ライオンの横顔、スタンプ、ロゴ、白黒

Hint

参照画像にアップする画像ついて

この作例用に作成したオリジナルの画像を参照画像に使って、ロゴを制作します。アップロードする画像は、参照画像に用いて問題ないものを使用しましょう。なお、参照画像にアップロードした画像は、Fireflyのモデルのトレーニングには使用されません。

権限があることを確認してください

生成一致を使用することで、ユーザーはプロンプトに特定のスタイルを適用できるようになります。このサービスを使用するには、サードパーティの画像を使用する権限を持っている必要があります。また、アップロード履歴はサムネールとして保存されます。

キャンセル　続行

画像をアップロードするときに確認画面が表示される

本作例用に作成した参照画像

1 参照画像を使ってロゴの画像を生成

FireflyのWebアプリで画像を生成しておき、[参照画像ギャラリー]❶で[画像をアップロード]をクリックして、サンプル「reference.png」をアップロードします❷。「ライオンの横顔、スタンプ、ロゴ、白黒」とプロンプトを入力して、画像を生成し❸、イメージに近い候補を選択してダウンロードしましょう。今回はライオンの左下の白い粒が星に見え、この箇所に夜空を表現できたら面白いと感じたので、左上の画像を使うことにしました。このように生成した画像からインスピレーションを得られることもあります。生成結果がイメージ通りにならない場合はプロンプトを調整するか、34ページで紹介した[強度]を調整してみましょう。

2 画像トレースしてパスに変換

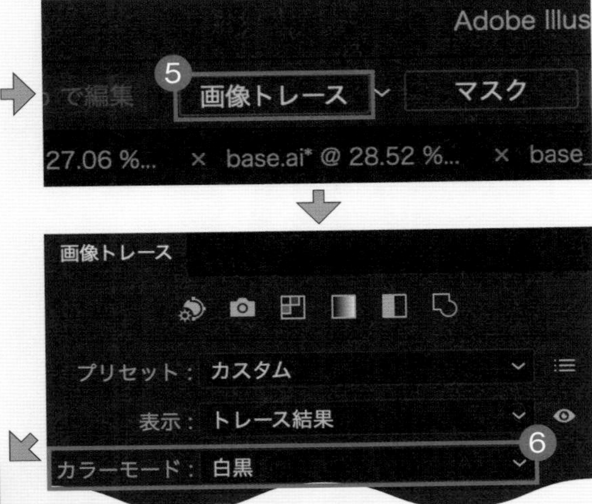

サンプル「046_base.ai」を開きます❹。画像を選択した状態でコントロールパネルで[画像トレース]をクリックします❺。[画像トレース]パネルで[カラーモード:白黒]にし❻、[カラーを透過]にチェックを入れ❼、コントロールパネルから[拡張]をクリックします❽。メニューバーから[オブジェクト]-[パス]-[単純化]をクリックします。

3 ロゴのデザインを整形

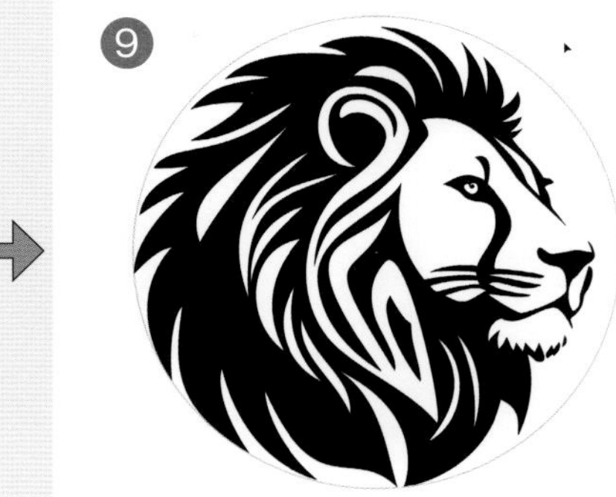

文字が認識できないなどそのままでは使用できないので、こちらをベースに手を加えます。今回行った修正のポイントを解説していきます。まず、[ダイレクト選択ツール]で不要な部分を削除して、ライオンのみにしたあと[アンカーポイントツール]などでパスを整えます❾。パスの整理のコツはとにかくアンカーポイントの数を減らすことです。[アンカーポイントの削除]ツールでアンカーポイントを削除する際、shift キーを押しながらクリックすると、アンカーポイントの位置によってはある程度形状を保ったまま減らすことが可能です。形状を整えつつアンカーポイントを減らしましょう。

4 左下に円とクロスハッチで夜空を表現

左下に[楕円形ツール]で円を複数作成します❿。1つの円を選択した状態で、メニューバーから[効果]-[パスの変形]-[パンク・膨張]をクリックします。[パンク・膨張]ダイアログで[-50%]とし⓫、効果を適用します。円やクロスハッチをコピーして配置します⓬。続いて、[レイヤー]パネルで新規レイヤーを作成し、[logo]の下に配置してレイヤー名を[bg]とします。[楕円形ツール]で[塗り]を白[#ffffff]に、[線]を黒[#000000]とし、大きさ・線幅の異なる円を4つ配置します⓭。

5 外側の円に[ジグザク]を適用

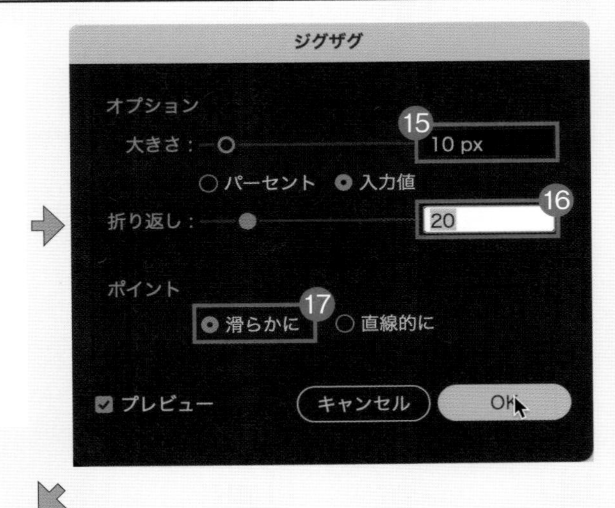

一番外側の円を選択して⑭、メニューバーから[効果]-[パスの変形]-[ジグザグ]をクリックします。[ジグザグ]ダイアログで[大きさ:10px]⑮、[折り返し:20]⑯、[ポイント:滑らかに]⑰にして、適用します。

6 円を作成してパス上文字を入力

円を作成して⑱、[パス上文字ツール]で⑲文字を入力します。フォントは[Trajan Sans Pro Black]とし、文字のサイズを[40pt]、文字のトラッキングを[155]としましたが、円の大きさに応じて適宜調整してください。最後に円の大きさや太さなど全体のバランスを整えて完成です。

049 Photoshop Illustrator

手描き風のブラシを生成してアートブラシで活用

操作動画

Photoshopで手描き風のブラシを生成して、Illustratorのアートブラシで活用します。Photoshopでの生成は通常バリエーションが3個生成されますが、選択範囲ごとにオブジェクトを生成できます。この方法を用いて1つのバリエーションで形状の異なるブラシを複数作成するのがこの作例のポイントです。

After

Before

Prompt

筆で書いた線、白黒

1 シェイプごとに選択範囲を作成

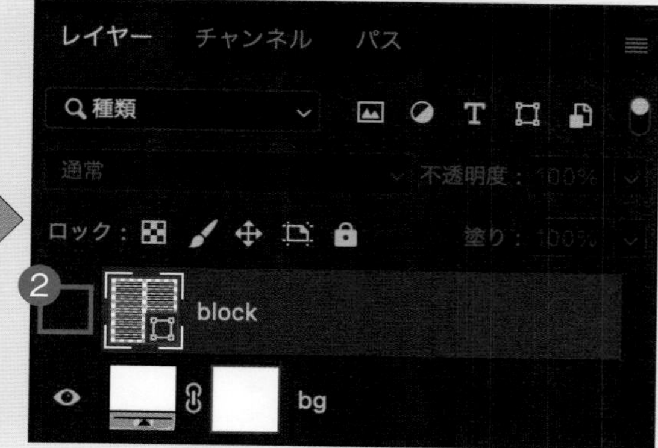

サンプル[049_base.psd]をPhotoshopで開きます。このファイルは[長方形ツール]で作った細長いシェイプを複製して並べ、すべて結合しています。[レイヤー]パネルで[block]レイヤーのレイヤーサムネイルをcommandキー＋クリック(WindowsはCtrlキー＋クリック)し❶、選択範囲を作成します。[block]レイヤーは非表示にしておきましょう❷。

2 線を生成してCCライブラリに追加

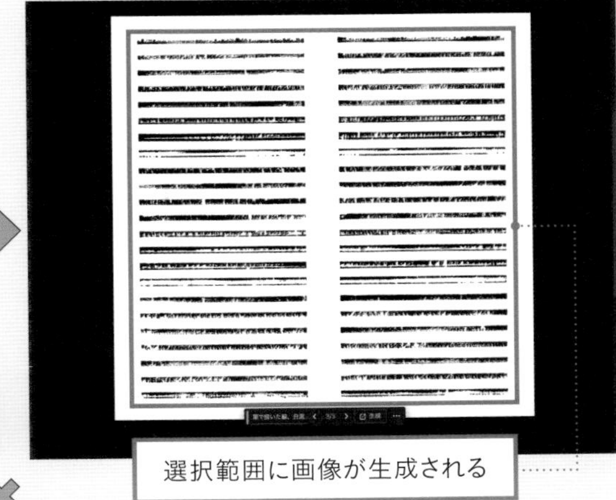

選択範囲に画像が生成される

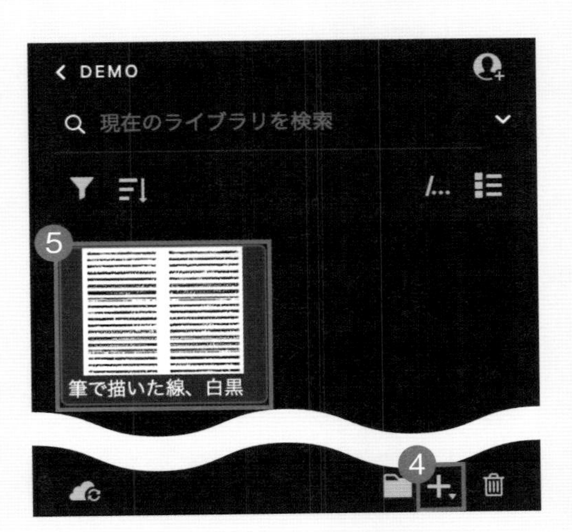

選択範囲が作成された状態で、コンテキストタスクバーの[生成塗りつぶし]をクリックして❸、プロンプトを「筆で書いた線、白黒」と入力し、[生成]をクリックします。画像が生成されたらイメージに近い候補を選択しましょう。[CCライブラリ]パネルで任意のライブラリを選択(または作成)し、下部の[+]から[画像]をクリックして❹、ライブラリに追加してください❺。ここでは[DEMO]という名前のライブラリを用意し、追加しました。

3 生成した画像をIllustratorのアートボードに配置

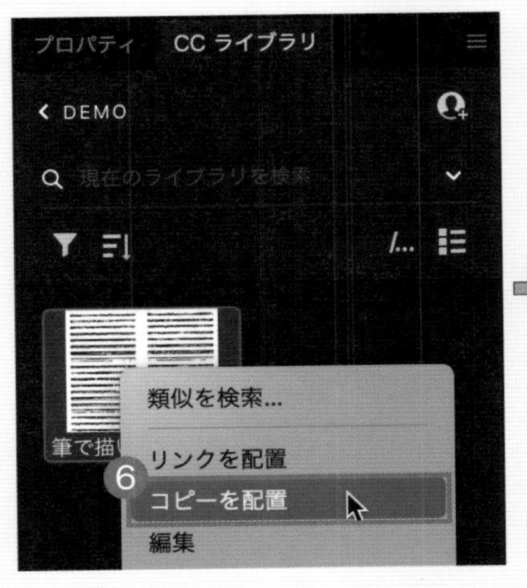

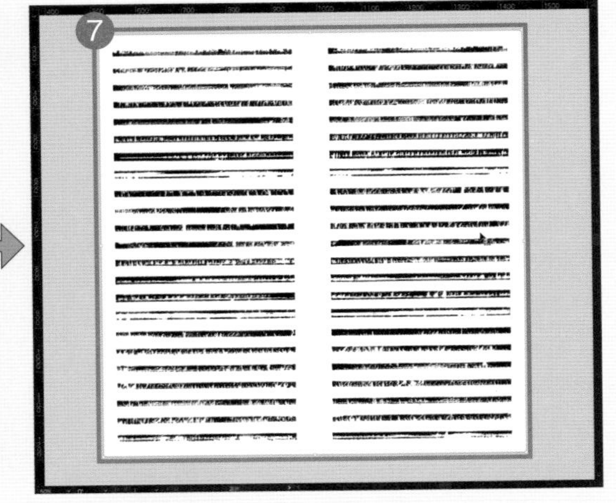

Illustratorで[049_base.ai]を開き、[レイヤー]パネルで[brush]レイヤーを選択します。[CCライブラリ]パネルから追加したグラフィックを右クリックし、[コピーを配置]をクリックして❻、アートボードに配置します❼。

4 配置したグラフィックを画像トレース

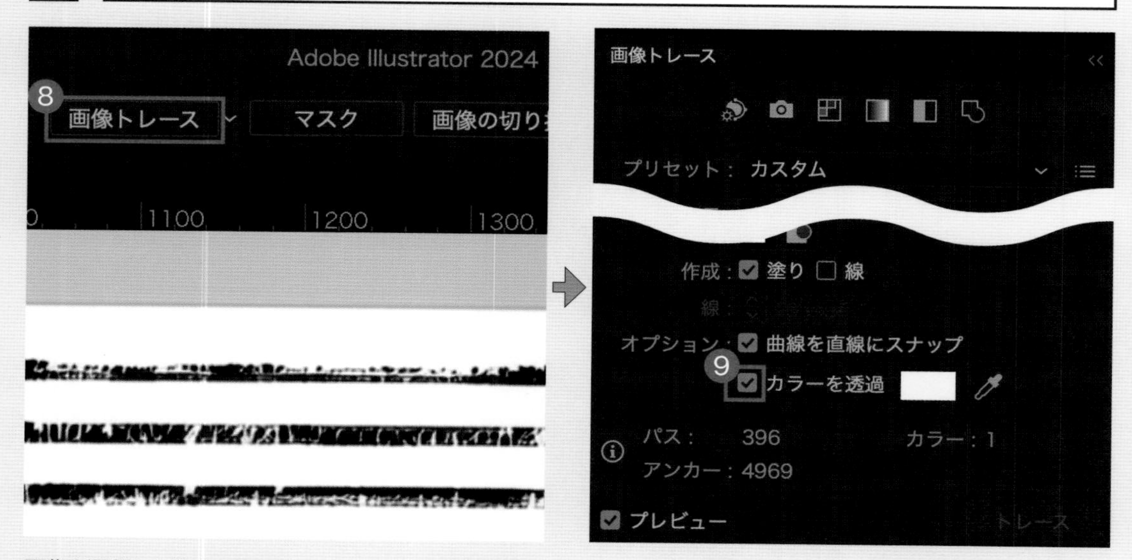

画像を選択した状態でコントロールパネルで[画像トレース]をクリックします❽。白を抜くために[画像トレース]パネルで[カラーを透過]にチェックを入れましょう❾。

5 パスに変換してブラシに追加する線を選択

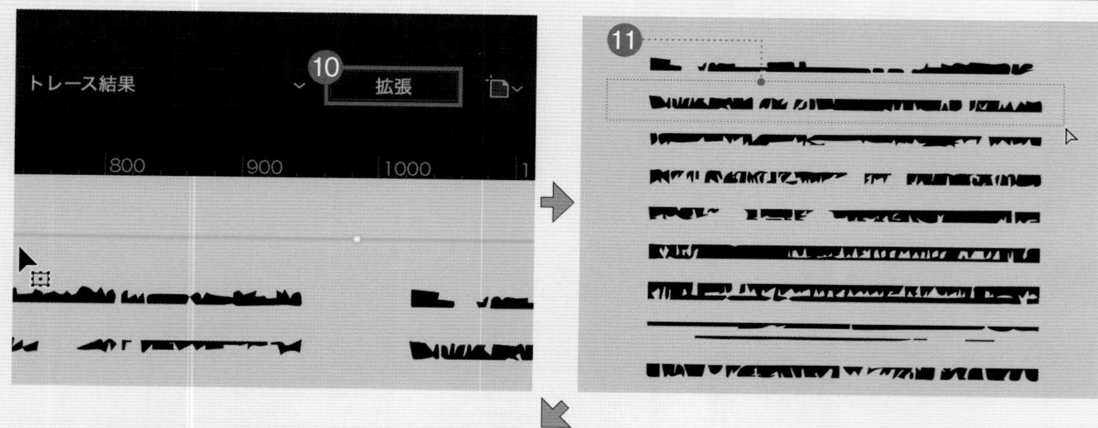

オプションバーで[拡張]をクリックします❿。[ダイレクト選択ツール]でブラシに追加する線をドラッグして⓫、選択しましょう⓬。

6 アートブラシに追加して設定を適用

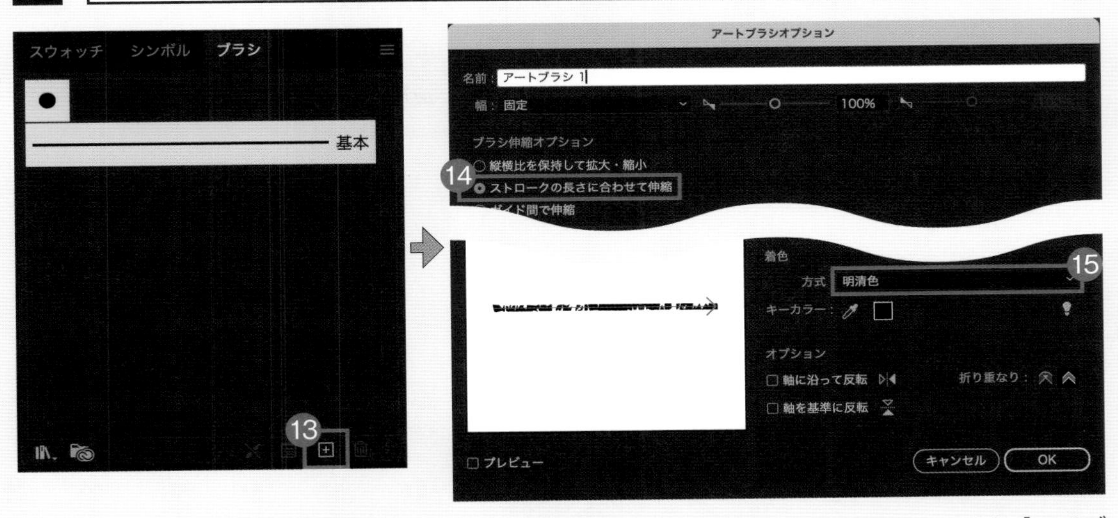

線を選択したら、[ブラシ]パネル下部の[＋]をクリックし⑬、[アートブラシ]を選択して[OK]をクリックします。[アートブラシオプション]ダイアログで[ブラシ伸縮オプション:ストロークの長さに合わせて伸縮]⑭[方式:明清色]⑮を選択して、[OK]をクリックしましょう。

7 追加したアートブラシをグラフィックに適用

[レイヤー]パネルで[brush]レイヤーをロックし⑯、[bg_02][body]レイヤーを表示します⑰。[body]レイヤーのラインで構成されたオブジェクトをすべて選択し、[ブラシ]パネルで追加したアートブラシを適用します⑱。[線]パネルで[線幅:0.5pt]にしたら⑲、完成です。

050 Photoshop Illustrator

使い勝手抜群！飛び散った黒インクをIllustratorで活用

操作動画

Photoshopで黒インクを生成して、Illustratorで背景を装飾します。170 ページの「手描き風のブラシを生成してアートブラシで活用」と同じく［画像トレース］でベクター化します。今回は生成した素材をすべて活用するので一つ一つを扱いやすいデータに分けていきます。

After

Before

Prompt

飛散した黒インク、白い背景

1 シェイプごとに選択範囲を作成

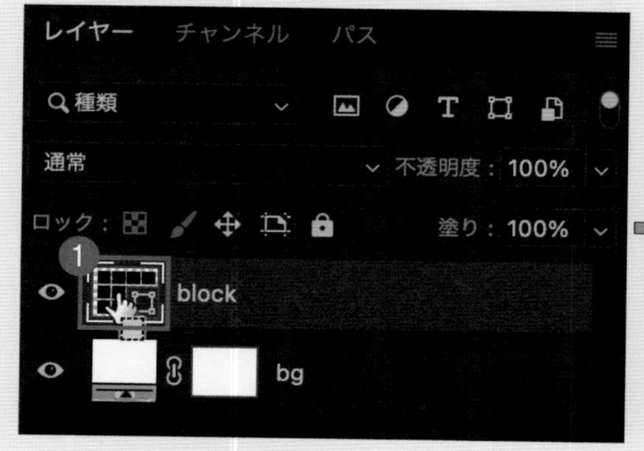

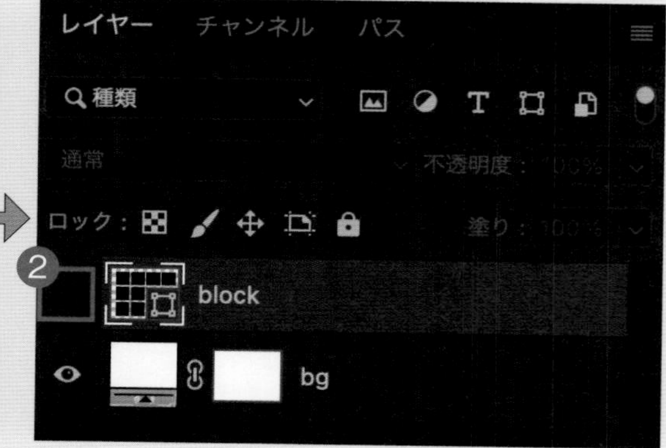

サンプル［050_base.psd］をPhotoshopで開きます。このファイルは［長方形ツール］で作ったシェイプを複製して並べ、すべて結合しています。［レイヤー］パネルで［block］レイヤーのレイヤーサムネイルを command ＋クリック（Windowsは Ctrl ＋クリック）し❶、選択範囲を作成します。［block］レイヤーは非表示にしておきましょう❷。

2 飛散した黒インクを生成してCCライブラリに追加

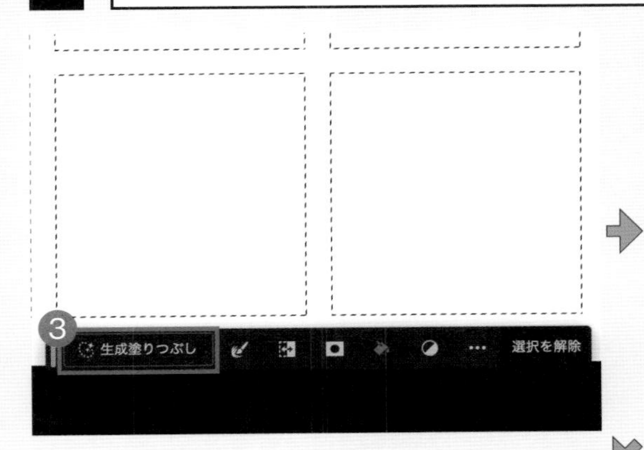

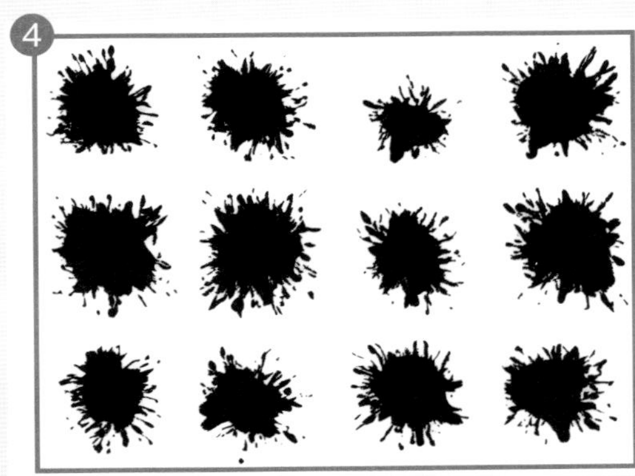

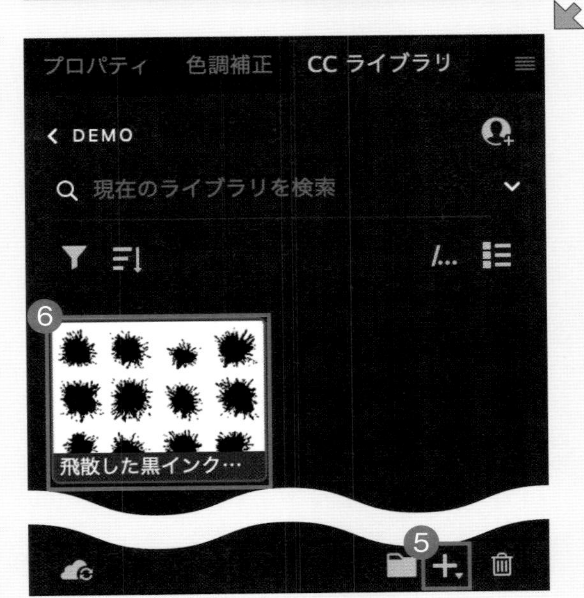

選択範囲が作成された状態で、コンテキストタスクバーの[生成塗りつぶし]をクリックして❸、プロンプトを「飛散した黒インク、白い背景」と入力し、[生成]をクリックします。画像が生成されたら❹、イメージに近い候補を選択しましょう。[CCライブラリ]パネルで任意のライブラリを選択（または作成）し、下部の[+]から[画像]をクリックして❺、ライブラリに追加してください❻。ここでは[DEMO]という名前のライブラリを用意し、追加しました。

3 生成したグラフィックをIllustratorのアートボードに配置

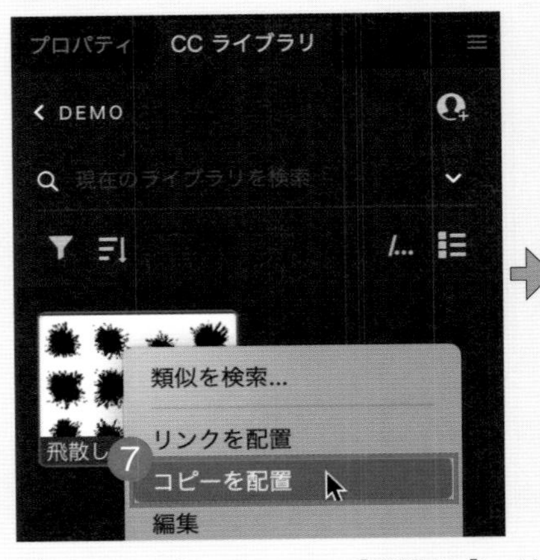

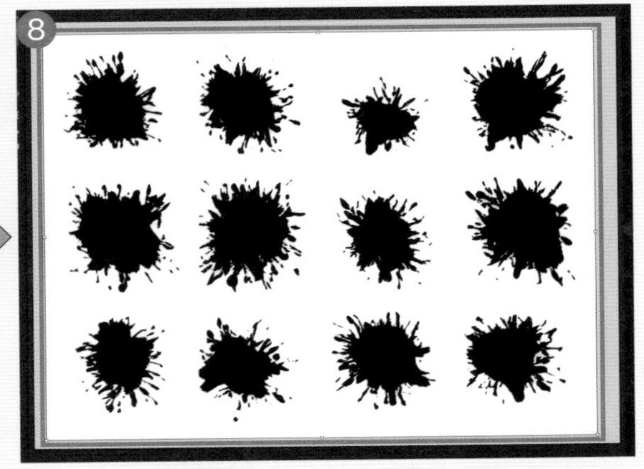

Illustratorで[050_base.ai]を開き、[レイヤー]パネルで[ink]レイヤーを選択します。[CCライブラリ]パネルから追加したグラフィックを右クリックし、[コピーを配置]をクリックして❼、アートボードに配置します❽。

4 画像トレースでパスに変換

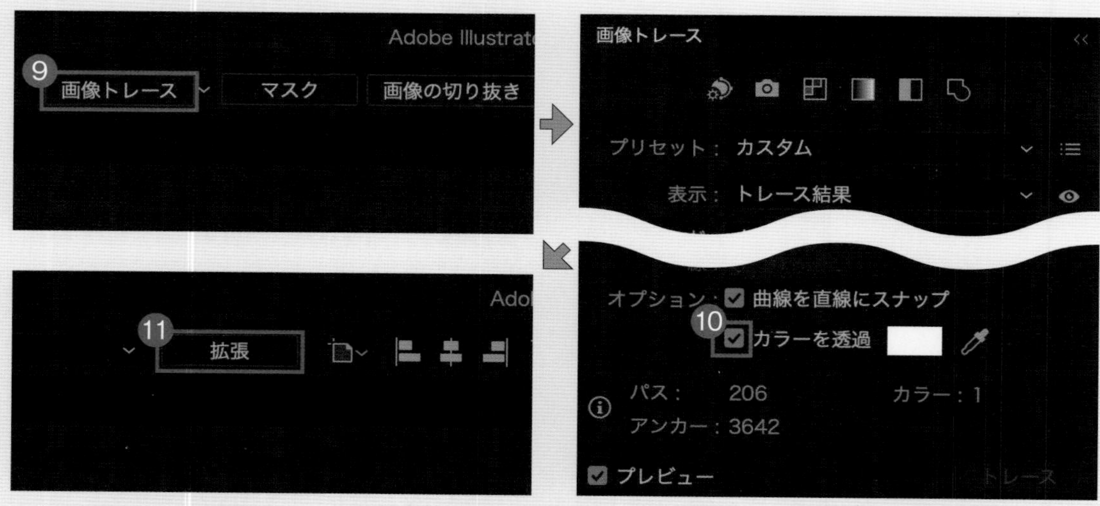

画像を選択した状態でコントロールパネルで[画像トレース]をクリックします❾。白を抜くために[画像トレース]パネルで[カラーを透過]にチェックを入れましょう❿。続いて、コントロールパネルで[拡張]をクリックして⓫、パスに変換します。

5 パーツごとに分けてかたまりごとにグループ化

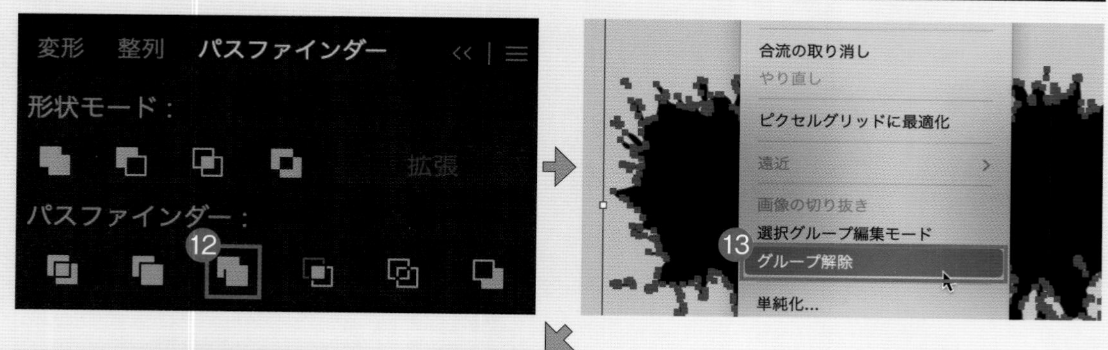

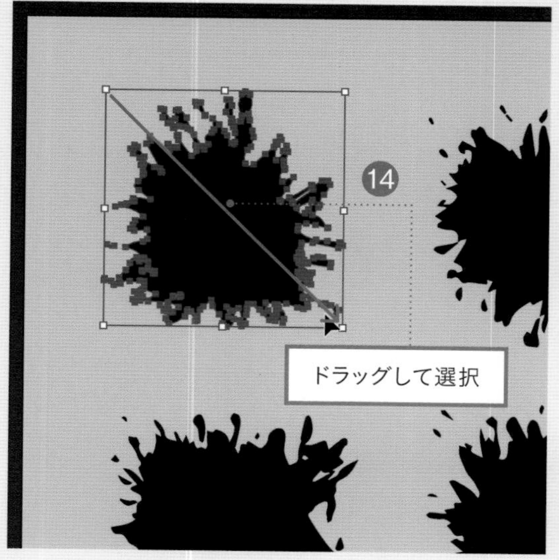

パスファインダーで[合流]をクリックします⓬。右クリックして、[グループ解除]をクリックし⓭、黒インクをパーツごとに分けます。なお、グループ解除は shift ＋ command ＋ G キー（Windowsは shift ＋ Ctrl ＋ G キー）を押してもかまいません。続いて、黒インクをひとかたまりごとにグループ化します。[選択ツール]で黒インクをドラッグして選択し⓮、command ＋ G キー（Windowsは Ctrl ＋ G キー）を押してグループ化しましょう。12個の黒インクすべて、かたまりごとにグループ化してください。

6 黒インクの配置と色を調整

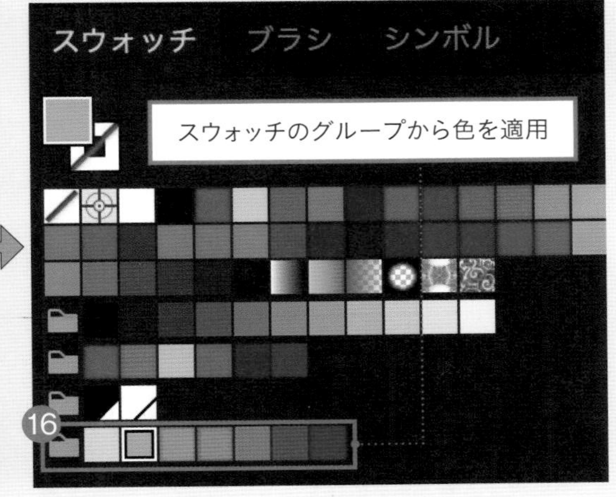

[レイヤー]パネルで[txt][bg_02]の2つのレイヤーを表示します。[選択ツール]でインクの配置を調整して色を変更しましょう⑮。[スウォッチ]パネルにカラーグループを用意しているので、ここからそれぞれ色を適用してください⑯。なお、この配色は背景から色を抽出しました。
[レイヤー]パネルで[ink]レイヤーを[txt]レイヤーの下に配置し、メニューバーから[表示]-[トリミング表示]をクリックして全体を確認したら完成です。

Hint 選択範囲を調整して生成結果を変えよう

黒インクはIllustratorの[テキストからベクター生成]でも作成できますが、安定した数を重ねずに複数作成したい場合はPhotoshopで生成すると効率的です。78ページの「黒インクと水彩テクスチャで作る飛び散った絵の具と人物の合成」の作例のように、同じプロンプトでも全体を選択して生成するとまた異なる形状の黒インクが生成されます。選択範囲を変えて試してみましょう。

飛散した黒インク、白い背景

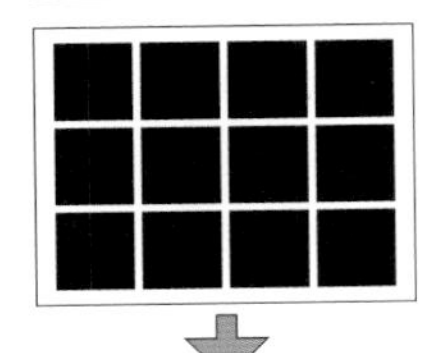

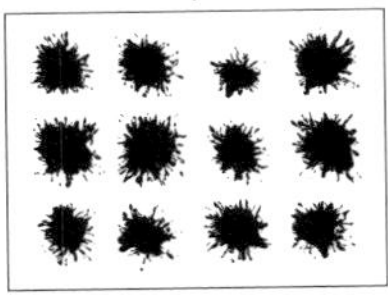

正方形で選択範囲を作成

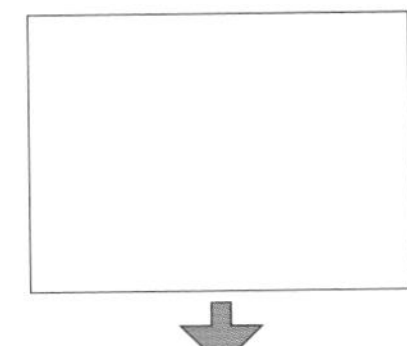

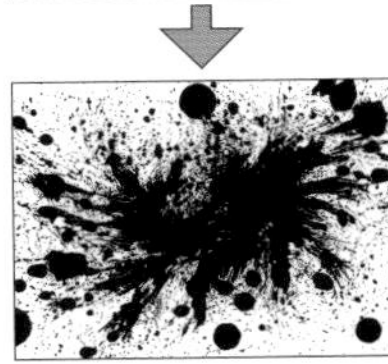

カンバス全体で選択範囲を作成

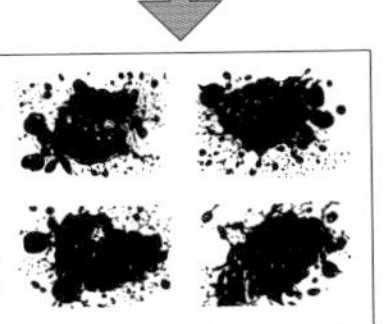

長方形で選択範囲を作成

Column

制作の裏側のご紹介！

本書はFireflyがテーマなので作例のベースのデザインにもなるべくFireflyを使うという試みを実施しています。調整はもちろん必要ですが、ベースの有無で制作時間が大幅に変わるのでとても助かりました。一部Hintなどにも記載していますが、制作の裏側を紹介します。

■白黒のイラストを使ってホログラムステッカーを作成（68ページ）

→鹿をFireflyのWebアプリで参照画像を用いて生成後、Illustratorで調整

→参照画像は「参照画像を使ってロゴを生成しベクターに変換」（166ページ）と同じ

→プロンプト：鹿の顔、スタンプ、ロゴ、白黒

■生成再配色で作成するカラーバリエーション（138ページ）

→鹿と森のベースデザインをFireflyのWebアプリで参照画像を用いて生成後、Illustratorで調整

→参照画像はプリセットの「フラット」

→プロンプト：森、鹿

■使い勝手抜群！飛び散った黒インクをIllustratorで活用（174ページ）

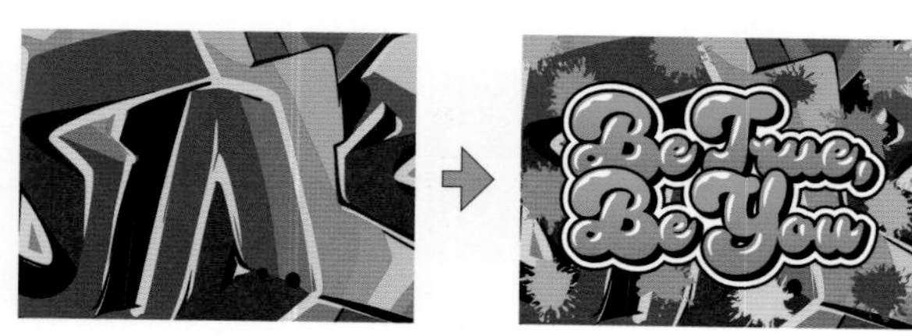

→背景をベクター生成

→プロンプト：ストリートグラフィティ

付録1

合成素材として役立つプロンプト集

Photoshopの生成AIですぐに生成できる素材の一覧です。画像下がプロンプトの文言です。

テクスチャ

ざらざら

56ページ

スクラッチ、テクスチャ

グランジ、テクスチャ

絵

78ページ

水彩、テクスチャ

78ページ

飛散した黒インク、白い背景

木、植物

木、テクスチャ

87ページ

古い板、暗い茶色、テクスチャ

コルクボード

芝生、テクスチャ

紙

62ページ

破れた白い紙

くしゃくしゃな紙、テクスチャ

72ページ

羊皮紙、テクスチャ

ダンボール、テクスチャ

水

48ページ

透明感のある水紋、上からの構図

水滴、黒い背景、上からの構図

石・土

134ページ

レンガ、テクスチャ

55ページ

白のレンガの壁

82ページ

ひび割れ、テクスチャ

87ページ

岩肌、テクスチャ

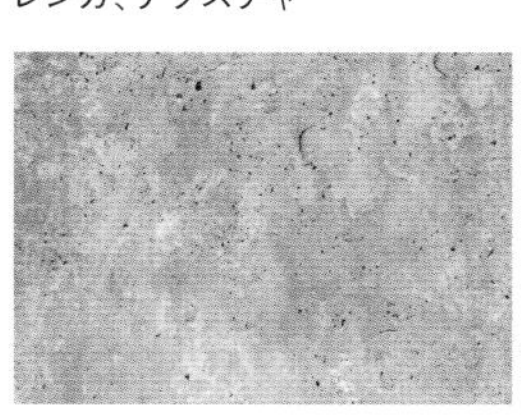

コンクリート、テクスチャ

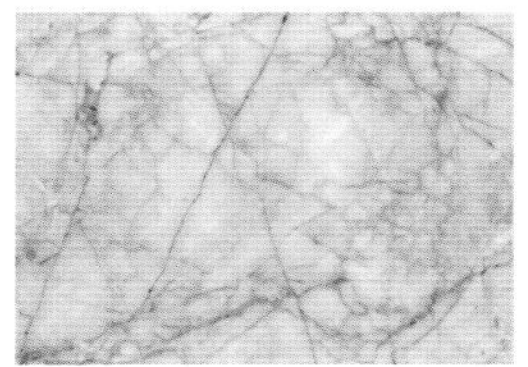

大理石、テクスチャ

マグマ、テクスチャ

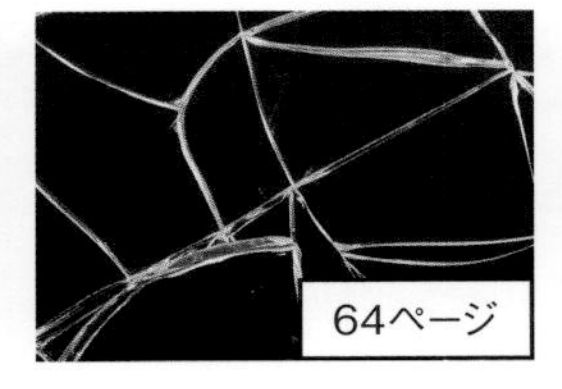
64ページ
ガラス、ヒビ、黒い背景

革・動物柄

革、テクスチャ

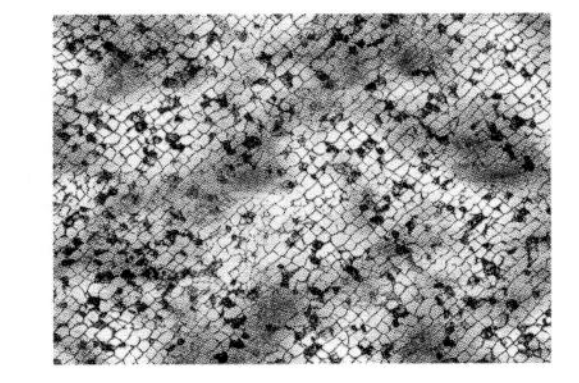
ヘビ柄、テクスチャ

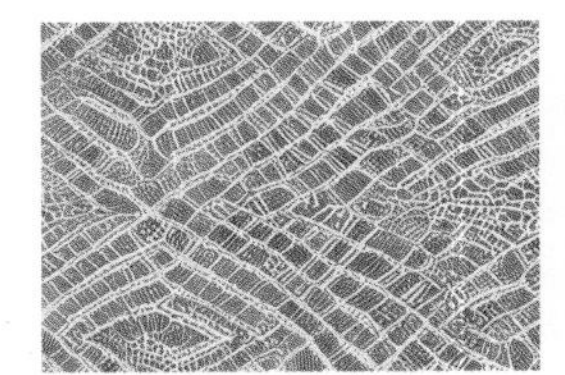
ワニ柄、テクスチャ

毛皮、テクスチャ

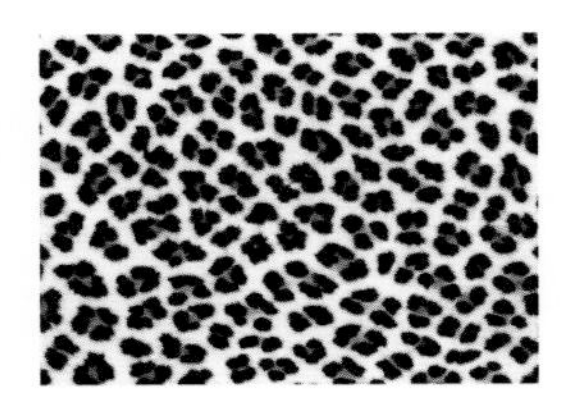
ヒョウ柄、テクスチャ

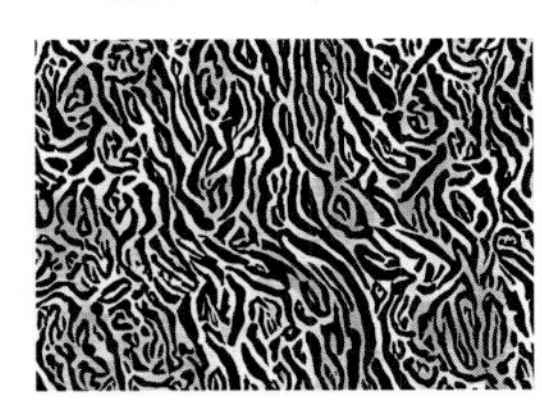
トラ柄、テクスチャ

布

52ページ
白のサテン

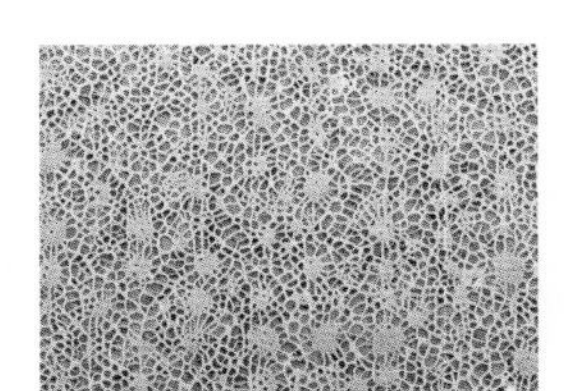
レース、テクスチャ

フェルト、テクスチャ

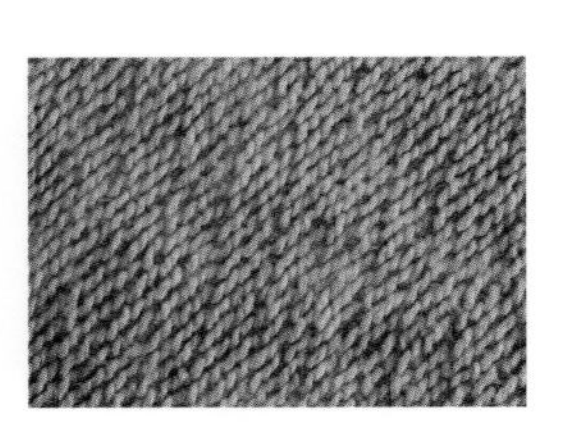
ウール、テクスチャ

デニム、テクスチャ

リネン、テクスチャ

金属

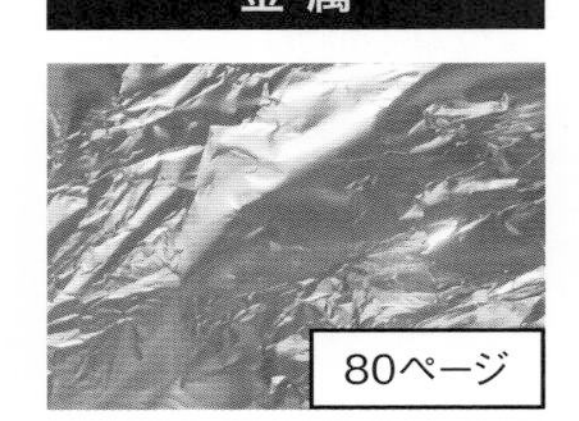
80ページ
金箔

金、テクスチャ

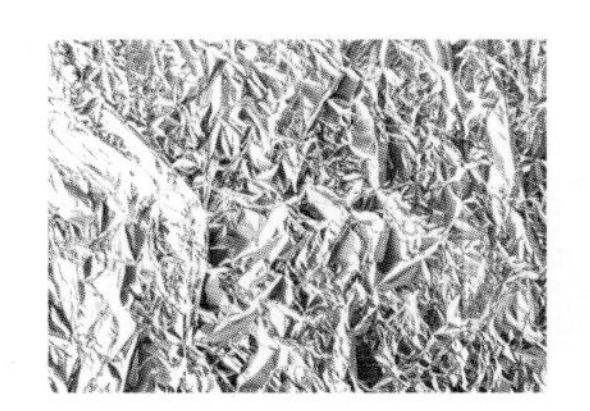
アルミホイル、テクスチャ

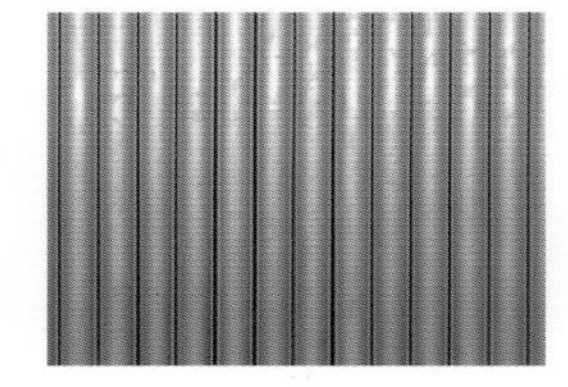
ステンレスのシャッター、テクスチャ

その他

ポリゴン、テクスチャ

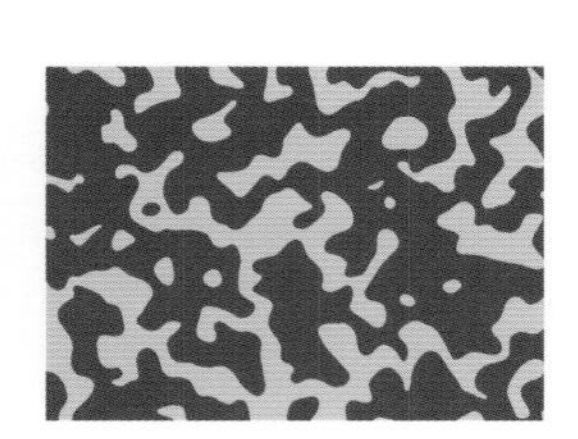
迷彩、テクスチャ

光と影

光

38ページ
光のグラデーション、赤、オレンジ、黄色、ピンク、黒い背景

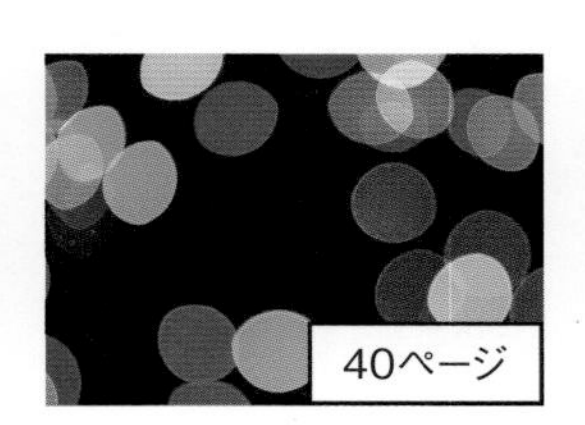
40ページ
カラフルな玉ボケ、黒い背景

レンズフレア

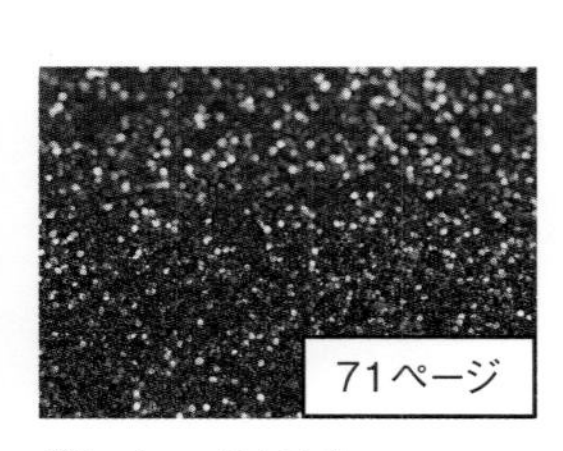
71ページ
グリッター、テクスチャ

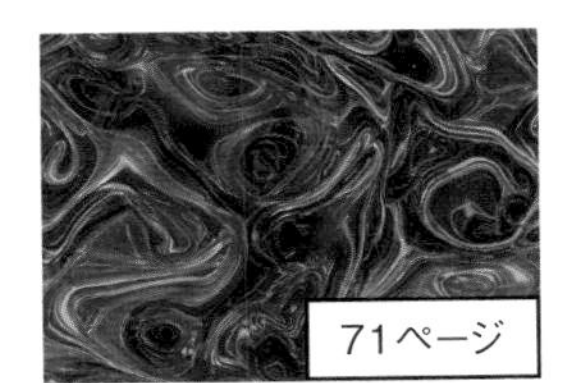
71ページ
ホログラム、テクスチャ

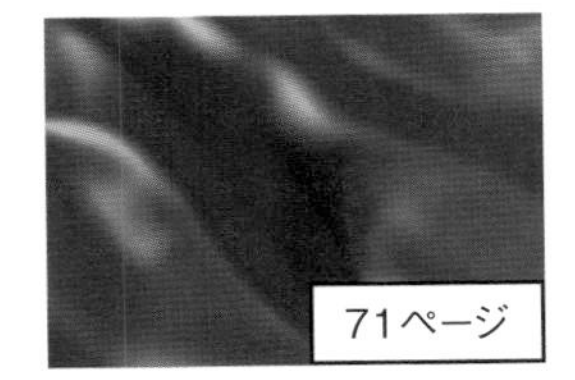
71ページ
ホログラム、グラデーション、テクスチャ

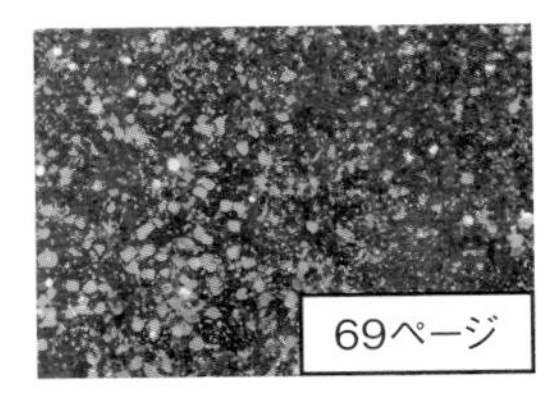
69ページ
ホログラム、グリッター、テクスチャ

グリッチ

サンバースト

パーティクル

スポットライトエフェクト

プリズムライト

火

火、黒い背景

火花、黒い背景

火の粉、黒い背景

花火、黒い背景

影

42ページ
植物の影、白い背景

人の影、白い背景

窓の影、白い背景

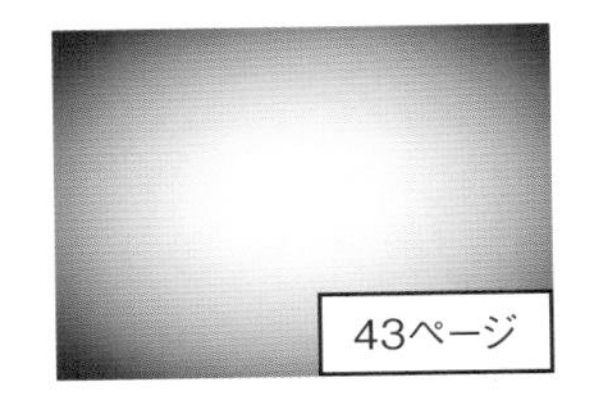
43ページ
ビネットエフェクト、白い背景

天候・自然

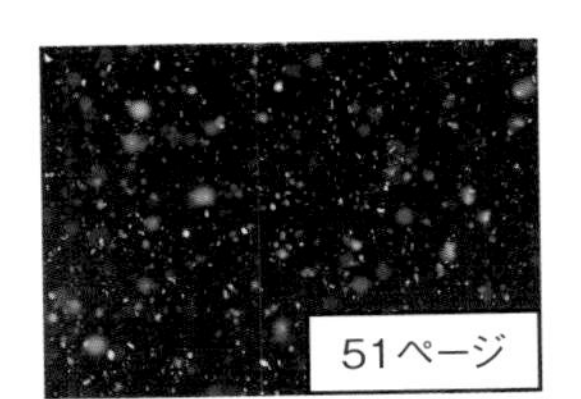
51ページ
降雪、黒い背景

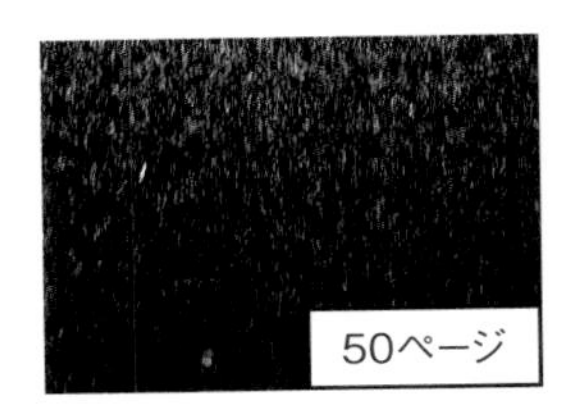
50ページ
降雨、黒い背景

50ページ
雷、黒い背景

58ページ
霧、黒い背景

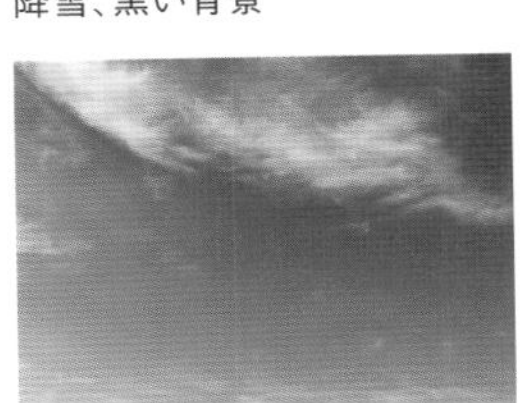
青空

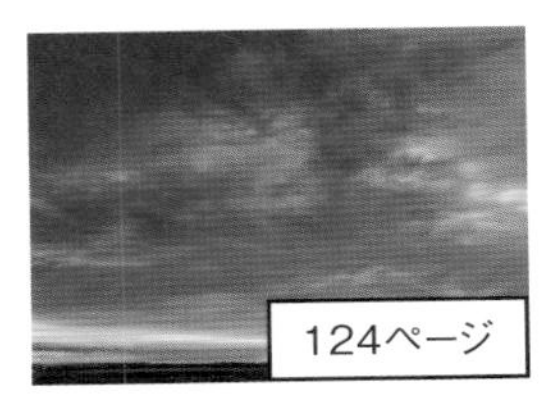
124ページ
マジックアワー、ドラマチックな空、紫

星空

宇宙

付録2

参照画像による生成結果の違い

FireflyのWebアプリで「バラの花、シンプルな背景」というプロンプトに［参照画像ギャラリー］にある参照画像を変えて生成した結果の一覧です。左上の画像が適用した参照画像となります。

アクリルとオイル

水彩画

鉛筆

建築スケッチ

3D

デジタルイラストレーション

グラフィック

ネオン

風景

ドラマチックな照明

写真スタジオ

写真加工

照明効果

テクスチャ

色と照明

幾何学的

フラット

著者プロフィール

コネクリ

ウェブデザイナーとしてキャリアをスタートして、スマートフォンの台頭によりUI/UX・ゲームデザインを担当、現在はインハウス寄りのアートディレクター兼デザイナー。社内外のディレクション・ワイヤー設計・デザイン・コーディングを行う。自社、受託ともにウェブ・アプリ・グラフィック・ゲームの実績多数。個人サイトやX（旧Twitter）、YouTubeにてPhotoshopとIllustratorの作例を発信中！

https://connecre.com/
X（旧Twitter）：https://twitter.com/connecre_
YouTube：https://www.youtube.com/@connecre

Adobe Community Expert

画像素材　123RF.COM

STAFF

ブックデザイン	沢田幸平（happeace）
カバーイラスト	高橋由季
校正	株式会社トップスタジオ
制作担当デスク	柏倉真理子
DTP	田中麻衣子
デザイン制作室	今津幸弘
編集	高橋優海
編集長	藤原泰之

■商品に関する問い合わせ先
このたびは弊社商品をご購入いただきありがとうございます。本書の内容などに関するお問い合わせは、下記のURLまたは二次元バーコードにある問い合わせフォームからお送りください。
https://book.impress.co.jp/info/
上記フォームがご利用いただけない場合のメールでの問い合わせ先
info@impress.co.jp
※お問い合わせの際は、書名、ISBN、お名前、お電話番号、メールアドレス に加えて、「該当するページ」と「具体的なご質問内容」「お使いの動作環境」を必ずご明記ください。なお、本書の範囲を超えるご質問にはお答えできないのでご了承ください。

●電話やFAX でのご質問には対応しておりません。また、封書でのお問い合わせは回答までに日数をいただく場合があります。あらかじめご了承ください。
●インプレスブックスの本書情報ページ https://book.impress.co.jp/books/1123101103 では、本書のサポート情報や正誤表・訂正情報などを提供しています。あわせてご確認ください。
●本書の奥付に記載されている初版発行日から1年が経過した場合、もしくは本書で紹介している製品やサービスについて提供会社によるサポートが終了した場合はご質問にお答えできない場合があります。

■落丁・乱丁本などの問い合わせ先
FAX 03-6837-5023
service@impress.co.jp
※古書店で購入された商品はお取り替えできません。

デザインの仕事(しごと)がもっとはかどる
Adobe(アドビ) Firefly(ファイアフライ)活用(かつよう)テクニック50

2024年3月11日 初版発行

著者 コネクリ
発行人 高橋隆志
発行所 株式会社インプレス
〒101-0051 東京都千代田区神田神保町一丁目105番地
ホームページ https://book.impress.co.jp/

シナノ書籍印刷株式会社
978-4-295-01865-0 C3055
Printed in Japan